UI设计师的版式设计手册

董庆帅／编著

電子工業出版社
Publishing House of Electronics Industry
北京·BEIJING

内容简介

本书从当前热门的移动UI设计的版式设计出发，分别介绍了移动UI设计的版式设计类型、版式设计的编排，以及版面文字、图形的编排原理，并介绍了网格在版式设计中的应用。本书不仅详细分析了各种风格的移动UI、网页版式设计的原理，还提供了近300个版式设计案例的展示，供读者进一步理解和设计借鉴。

本书适合广大作为设计爱好者特别是UI设计爱好者案头工具书，还适合作为各大院校相关专业及培训班参考用书。

图书在版编目（CIP）数据
UI设计师的版式设计手册 / 董庆帅 编著; -- 北京 : 电子工业出版社, 2017.1

ISBN 978-7-121-30157-5

Ⅰ. ①U… Ⅱ. ①董… Ⅲ. ①人机界面 – 版式 – 设计 – 技术手册 Ⅳ. ①TP311.1-62

中国版本图书馆CIP数据核字（2016）第251743号

责任编辑：张艳芳
特约编辑：刘红涛
印　　刷：北京捷迅佳彩印刷有限公司
装　　订：北京捷迅佳彩印刷有限公司
出版发行：电子工业出版社
　　　　　北京市海淀区万寿路173信箱　　邮编：100036
开　　本：720×1000 1/16　印张：9.25　字数：216千字
版　　次：2017年1月第1版
印　　次：2019年7月第5次印刷
定　　价：59.80元

参与本书编写的人员有付巍、高洋、董庆帅、李倪、李婷婷、李亚宁、刘欢、高娜娜、范晓云、王征、邹晓华、傅学义、谢文丰、汪明月、鲍阿玉。

凡所购买电子工业出版社图书有缺损问题，请向购买书店调换。若书店售缺，请与本社发行部联系，联系及邮购电话：（010）88254888，88258888。

质量投诉请发邮件至 zlts@phei.com.cn，盗版侵权举报请发邮件至dbqq@phei.com.cn。
服务热线：（010）88254161～88254167转1897。

前言

PREFACE

随着信息技术的发展，手机、平板电脑、笔记本电脑等移动设备也得到快速发展，设备屏幕越来越大，界面开始承载越来越多的信息。繁复的界面装饰细节，让界面显得越发臃肿，人们开始更多地关注界面的内容和功能，信息框架呈现出扁平化的趋势。在设计风格上，设计师们也不再追求3D、拟物化的设计，而是越来越崇尚扁平、简约的设计理念。

版面的构成是信息传播的桥梁，发挥版面元素中各自的特点和功能，会使整个版面完成从视觉到内容的完善性和美观性，从而更快、更准确地传递信息，所以版式设计一直广泛应用在广告、招贴、杂志等平面设计中。

随着现在移动界面版式越来越多样化，我们除了以用户的操作和使用体验为主，最主要的还是要通过版面的信息内容来吸引用户。能够更好地吸引用户的就是整体的版式设计。

本书主要介绍版式设计在移动界面中的具体应用。本书从版式设计的基础内容开始，详细介绍了版式的每个设计形式和排列方式在移动界面中的使用技巧和方法。每章分为3个部分，第一部分是对版式内容的概括；第二部分是版式设计的具体案例分析；第三部分是精彩案例展示。通过这3个部分内容的讲解，相信大家对于移动版式设计就不会陌生了。

本书主要是针对热爱或者移动界面设计的初学者而编写的。本书内容讲解清晰，语言通俗易懂，案例讲解到位，赏析的案例选择有针对性。希望所有读者在阅读此书后对自己移动版式设计有所帮助，同时也希望广大读者能够对此书提出宝贵的意见和建议，帮助我们把内容做得更好，给更多的需要了解版式设计的人带来更专业的知识。

另外，在本书的编写过程中，收集了大量的素材，也做了很多的素材分析，并且参考了很多的书籍资料，自己在专业方面也得到了很大的提升。

最后，感谢各位支持我的朋友和家人，以及相关行业的专业人士对我的指导，他们给予的意见和建议让我更有信心把这本书做好，希望这本书能够在版式设计方面带给读者新的理念和想法，能够提升读者版式设计的能力。

UI设计师的版式设计手册

目录

CONTENTS

01

版式设计

移动版式设计的视觉流程

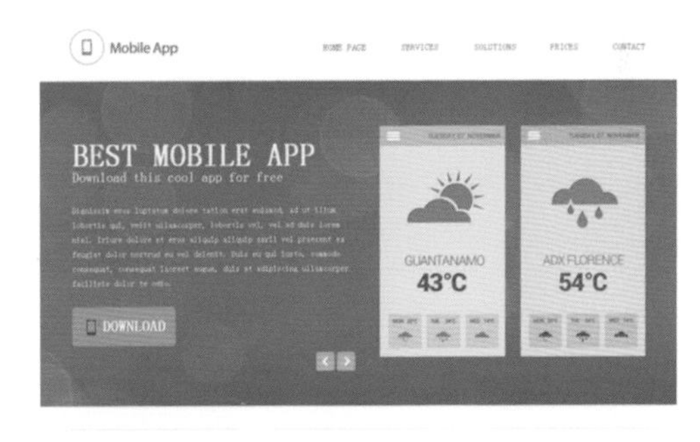

1

水平——如何让杂乱的图文变得井然有序

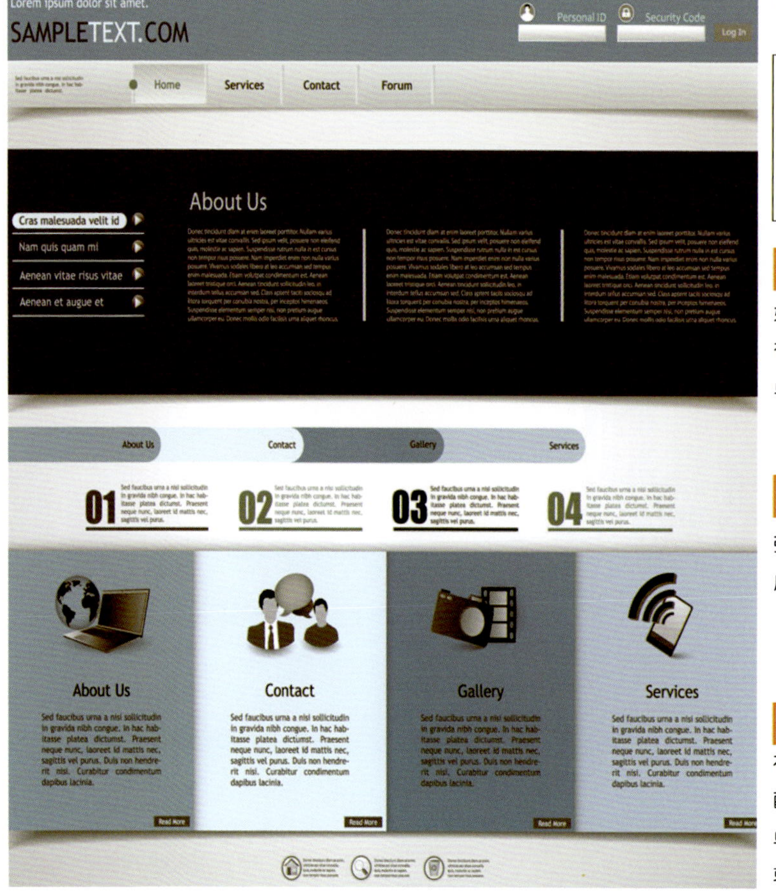

知识导读

1

如何让杂乱无章的图文变得井然有序是版式设计的重要内容，太单一、太繁杂都不适合。

2

强调版面井然有序是为了方便用户浏览所需相关内容。

3

在井然有序的版面中，色彩的搭配很重要，色彩不可太跳跃或太单一，两者都会让版面显得杂乱或死板。

在 APP 版式设计中，井然有序的图文编排是很重要的，能使用户方便、快捷地找到相关内容。好的版面一般都是文字、图片、标题整齐划一、对应有序的，这样能让用户一目了然，同时方便用户阅读。在版式设计中，一定要保持界面整齐简洁、标题明显，让用户有一个最棒的浏览体验。

鲜明

鲜明的版式设计，可以给用户一目了然的浏览体验。

创意

创意是每个版式设计不可或缺的，富有新意的东西才能吸引用户。

空间

在版式设计中，空间的留白、补充都是很重要的，留白能让版面变得清晰明朗，补充内容则使图文更丰富。

1 鲜明的版式案例解析

网页中内容的版式排列一般为水平横向的，这样可以呈现更多的内容，更符合人们的阅读习惯，所以采用这种方法编排可以使页面不至于看起来杂乱无章。

2 延续的版式案例解析

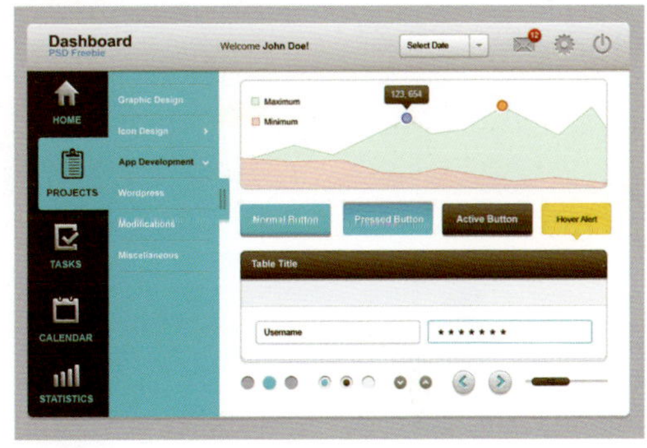

移动平板设备的网页设计采用水平版式排列，延续感更强一些，画面的横向排版能够让内容更加丰富，阅读起来更方便一些。

3 简明的版式案例解析

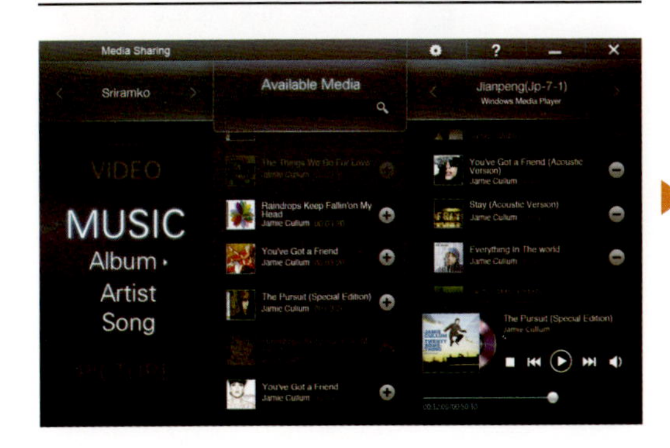

手机终端页面的版式设计常用的是水平的排列方式，这种形式能够让更多的信息在有效的空间内更好地呈现出来，让画面看起来更加简洁明了。

案例赏析

水平排列的版式比较稳重，同时也比较符合常规的阅读习惯。井然有序的排列能够让杂乱无章的内容看起来更加简洁明了，复杂的内容采用横向的归纳排列方式，文字、图片、整体内容统一归纳，画面效果使人更加舒服。

案例赏析

PixelCrayons
Managed Outsourcing for SMEs
eCommerce
Outsourcing for SMEs Evolved.

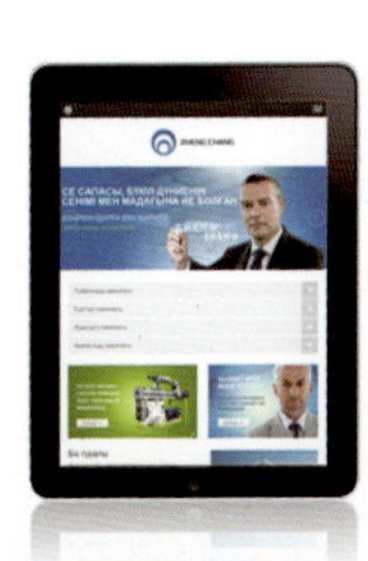

ZHENG CHANG
БҮКІЛ АДАМЗАТТЫҢ ТҰРМЫСТЫҚ ӨРЕСІН ЖОҒАРЛАТУҒА ҚҰЛШЫНАДЫ

95

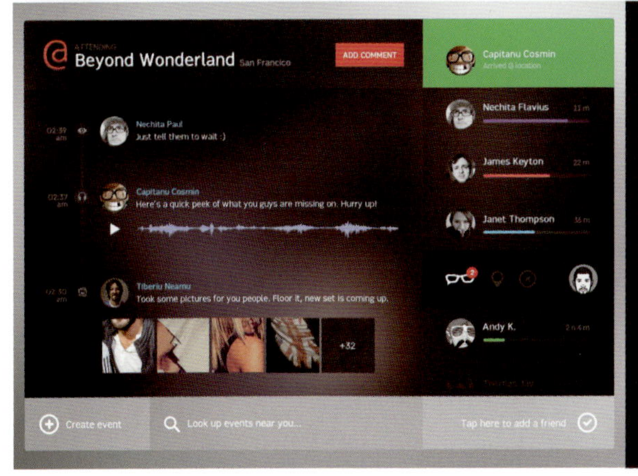

Beyond Wonderland San Francisco
ADD COMMENT
Capitanu Cosmin
Nechita Paul
Just tell them to wait :)
Capitanu Cosmin
Here's a quick peek of what you guys are missing on. Hurry up!
Tiberiu Neamu
Took some pictures for you people. Floor it, new set is coming up.
+32
Nechita Flavius
James Keyton
Janet Thompson
Andy K.
Create event
Look up events near you...
Tap here to add a friend

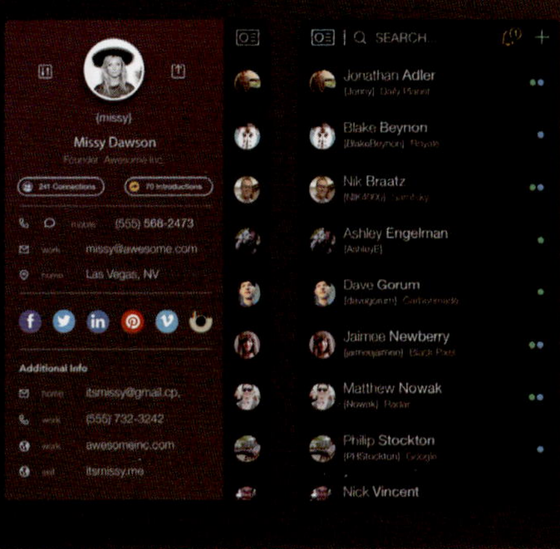

SEARCH
Missy Dawson
241 Connections
70 Introductions
(555) 568-2473
missy@awesome.com
Las Vegas, NV
Additional Info
itsmissy@gmail.cp.
(555) 732-3242
awesomeinc.com
itsmissy.me
Jonathan Adler
Blake Beynon
Nik Braatz
Ashley Engelman
Dave Gorum
Jaimee Newberry
Matthew Nowak
Philip Stockton
Nick Vincent

2 垂直——如何避免规划出单调的网格系统

知识导读

1

垂直排列的版面形式给人强烈的动感，同时也会有很严谨的网格系统。

2

版面的垂直排列方式具有一定的坚定性和理性，给人一种值得信任的感觉。

3

在垂直版式排列中，要注意不要刻意去讲究网格，否则会导致网格的呆板。

垂直版式在报纸版式设计中是常见的，这种方式的优点是：能够把非常多而且分类又很复杂的信息内容很好地规整，通过分栏的方式把信息排列得更加明确。

在网页的版式设计中，可以考虑垂直排列的方式，就像分栏一样，这样能够对信息进行归纳，呈现出来的内容使人一目了然。但是要注意垂直的排列方式更接近严谨的网格结构，切记一定不要让版式过于呆板，一定要让其活跃起来。

坚定

垂直的版式设计能够给人一种坚定的感觉。

理性

垂直的版式设计在整体上看是直线条的，表现比较直接，给人的感觉更加理性。

简洁

垂直的版面在视觉上更加严谨和简洁，因为垂直的版式网格拘束率一般比较高。

1 稳重的版式案例解析

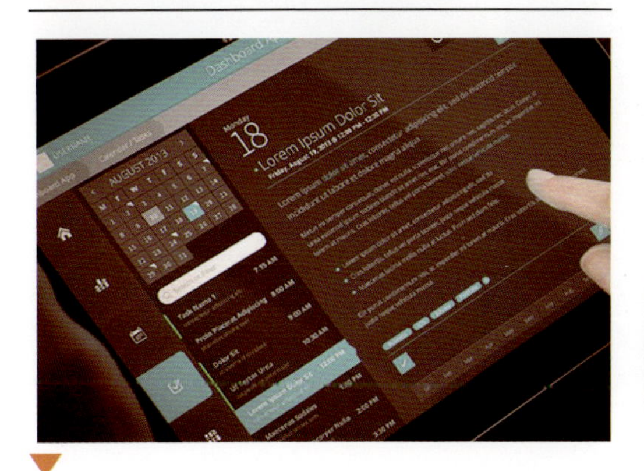

这个界面中的每个元素都是水平排列的，但是整体形式又是垂直排列的，加上黑色的背景，给人的感觉是非常稳重的，搭配一些亮的色彩，画面整体很活跃，不会显得很沉重。

2 严肃的版式案例解析

这款网页是按照垂直的排版方式进行设计的，内容清晰明了，背景为深绿色，衬托出图片和文字，视觉效果好，整个界面比较严肃、认真，比较适活动的官方网站。

3 明确的版式案例解析

这款页面的版式设计整体色调比较明亮，在版式上的排列比较自由，但是整体的排列都是围绕主体物的，通过这样的版式很明确地衬托出了主体物。

案例赏析

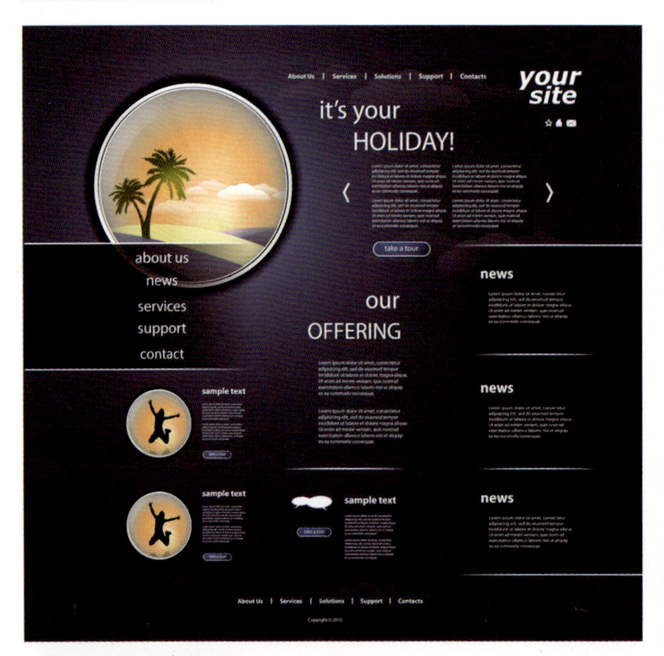
About Us | Services | Solutions | Support | Contacts
your site
it's your
HOLIDAY!
take a tour
about us
news
services
support
contact
our
OFFERING
news
news
news
sample text
sample text
sample text
About Us | Services | Solutions | Support | Contacts

UI.CN
option

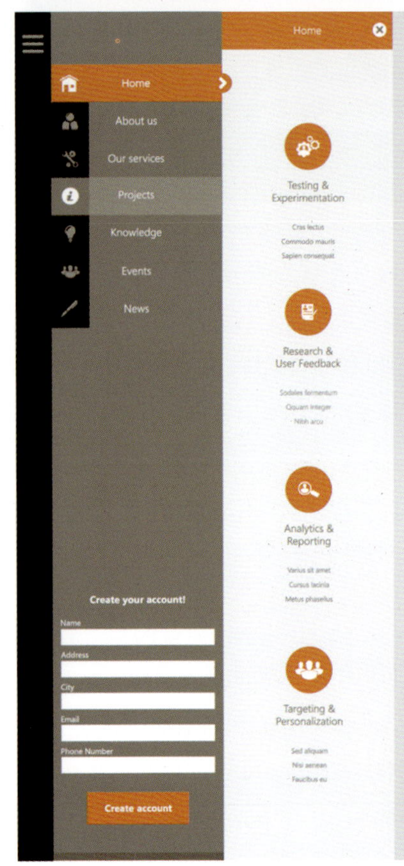
Home
Home
About us
Our services
Projects
Knowledge
Events
News
Testing &
Experimentation
Research &
User Feedback
Analytics &
Reporting
Targeting &
Personalization
Create your account!
Name
Address
City
Email
Phone Number
Create account

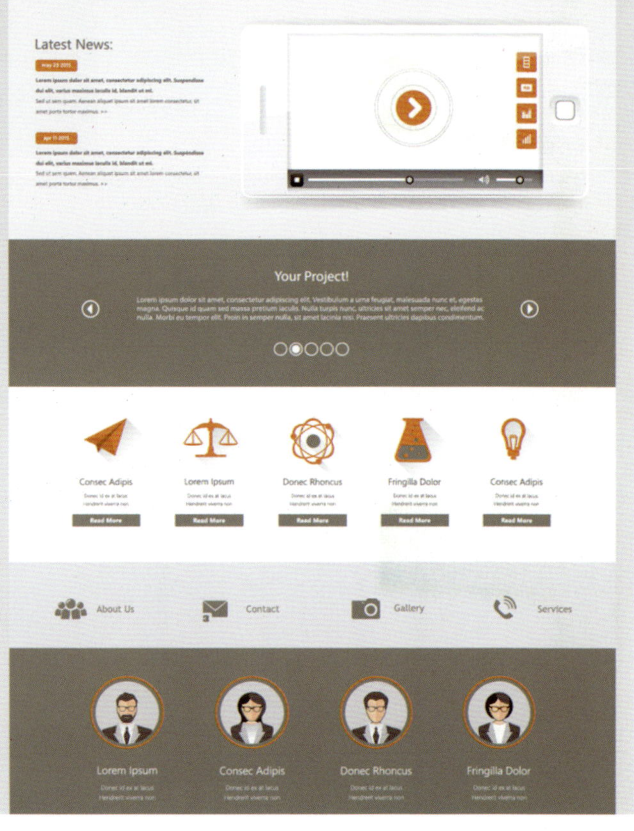
Latest News:
Your Project!
Consec Adipis
Lorem Ipsum
Donec Rhoncus
Fringilla Dolor
Consec Adipis
Read More
About Us
Contact
Gallery
Services
Lorem Ipsum
Consec Adipis
Donec Rhoncus
Fringilla Dolor

案例赏析

垂直版式的设计在界面设计中用得比较多，尤其是在信息归纳和后台管理中，但是往往在进行垂直版式设计的过程中，很容易对网格的使用过度，这时候就造成了整个界面的死板、不活跃。所以在设计的时候考虑让垂直的版式错位，大小分开，偶尔在页面中穿插一些水平的版式，这样可以避免单调的网格系统出现。

3
倾斜——如何设计出华丽而热闹的版面

知识导读

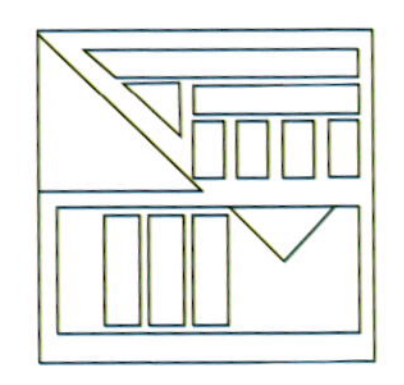

1. 倾斜型的版式既充满了强烈的活跃动态美感，又显得斜中有序，吸引人注目、阅读。

2. 倾斜型的版式排列要做到很有秩序感，不能随意地倾斜设计，否则会造成版面的不稳定。

3. 倾斜型版式可以考虑与水平型版式和垂直型版式结合设计，这样可以突破原来版式的呆板，增加一点活跃性。

倾斜型的版式在界面设计中也会经常遇到，这种版式形式往往会跟其他的版式形式结合设计，不会单独出现，因为这种版面容易给人不稳定感。

设计这种版面时，有时会采用多幅图片来做图版，倾斜排列的时候，秩序是必须要有的，这种秩序精密到图片之间的缝隙，以及文字之间的标点符号间距。设计版面的时候要仔细认真，考虑到每个细节，还得考虑整个版面的稳定性，不能因为考虑其倾斜性，而让版面失去了重心。

动感

倾斜型的版面会带给人一种很好的动感，让原本呆板的画面看起来比较活跃。

速度

倾斜的版式都具有一定的动感，当然也具备一定的速度感，斜度越大，速度感越强。

稳定

当倾斜不只是朝着一个方向的时候，比如相互交叉的倾斜，会产生很多三角形，从而产生一种稳定感。

1 自由轻松的版式案例解析

这个界面的版式设计比较轻松，没有严格的网格结构，也没有很强的秩序感，但是整体看起来内容的主次关系还是比较清楚的，整个版面给人一种轻松、自由的感受。

2 清爽的版式案例解析

这款界面的整体感觉很清爽，版面在传统的基础上做了一个简单的倾斜设计，打破了原来那种规规矩矩的设计，整体比较有活力。

3 活跃的版式案例解析

这款界面整体运用了大量的文字块的倾斜设计，使这个版面看起来非常活跃，同时也没有影响到整个版面的稳定性，倾斜的文字块相互交叉，会形成一种稳定的三角形结构，所以看起来不仅没有失去版面的活力，又增加了版面的稳定性。

案例赏析

You Do Creative,
We'll Do the Rest
Abdel Hamid
Sharara
To Help People Learn
and Earn Online.
Powered by a
Community of
Millions.
Our
Address
IN THE
PRESS
Our
Values

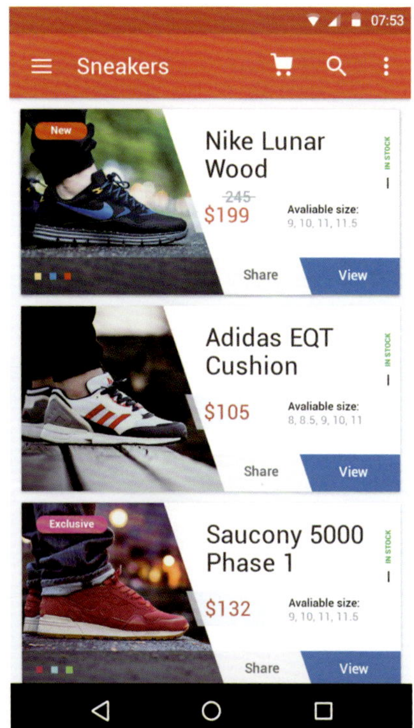
07:53
Sneakers
New
Nike Lunar
Wood
245
$199
Avaliable size:
9, 10, 11, 11.5
IN STOCK
Share
View
Adidas EQT
Cushion
$105
Avaliable size:
8, 8.5, 9, 10, 11
IN STOCK
Share
View
Exclusive
Saucony 5000
Phase 1
$132
Avaliable size:
9, 10, 11, 11.5
IN STOCK
Share
View

01
OPTIONS
LOREM IPSUM
Lorem ipsum dolor sit amet, consectetur adipisicing elit, sed do eiusmod tempor incididunt ut labore et dolore magna aliqua.
02
OPTIONS
LOREM IPSUM
Lorem ipsum dolor sit amet, consectetur adipisicing elit, sed do eiusmod tempor incididunt ut labore et dolore magna aliqua.
03
OPTIONS
LOREM IPSUM
Lorem ipsum dolor sit amet, consectetur adipisicing elit, sed do eiusmod tempor incididunt ut labore et dolore magna aliqua.
04
OPTIONS
LOREM IPSUM
Lorem ipsum dolor sit amet, consectetur adipisicing elit, sed do eiusmod tempor incididunt ut labore et dolore magna aliqua.
INFOGRAPHIC
ELEMENTS
VECTOR EPS 10

案例赏析

倾斜型版式在版式设计中也是常见的一种形式，这种形式比较活泼，能够给版面增加动感和活力。

一般来说，排版会使用比较严谨的网格结构，但是网格结构使用得多了版面就会很死板，所以要适当加入一些倾斜型的版式。

倾斜型版面可以打破网格系统的呆板，还可以让版面更加新颖，给版面增加活力，如果再配上强烈的色彩对比，这样视觉冲击力会更好，版面会更加吸引人。

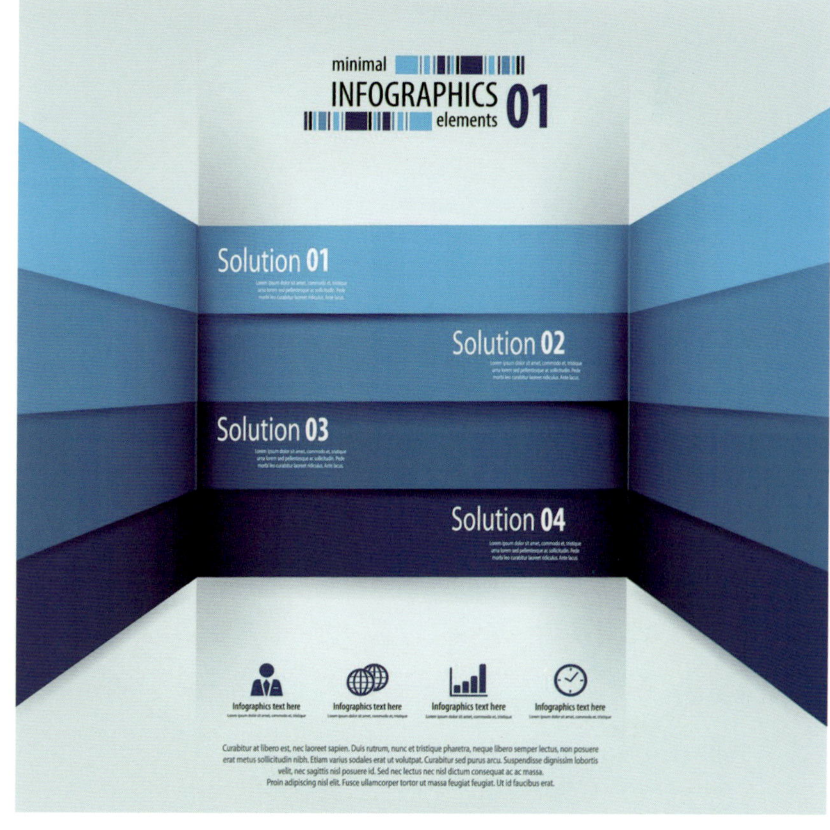

4 曲线——让版面变得更具有活力

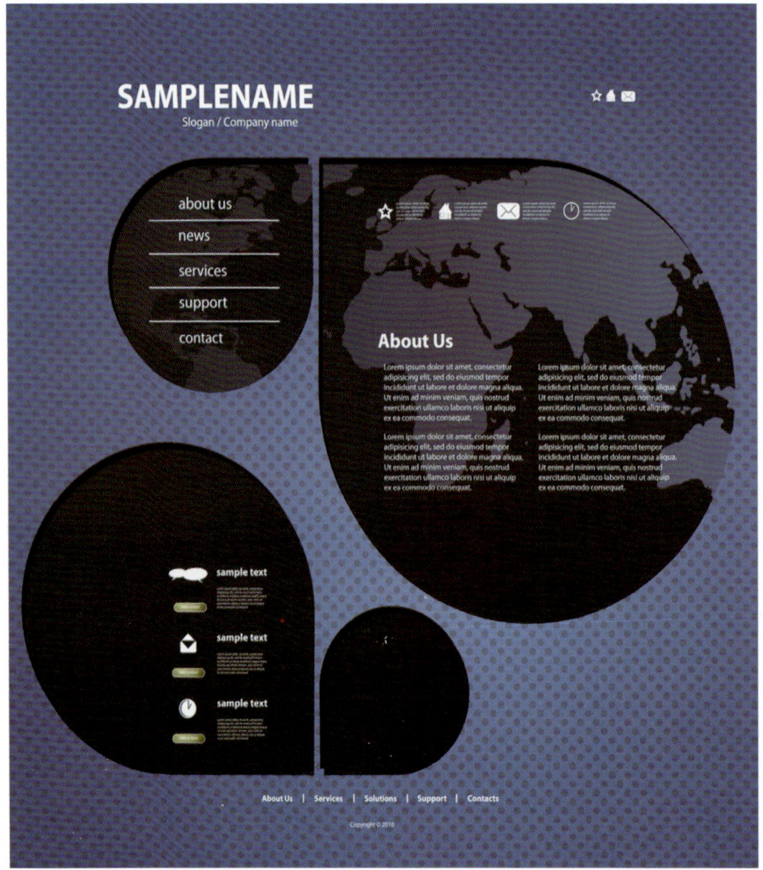

知识导读

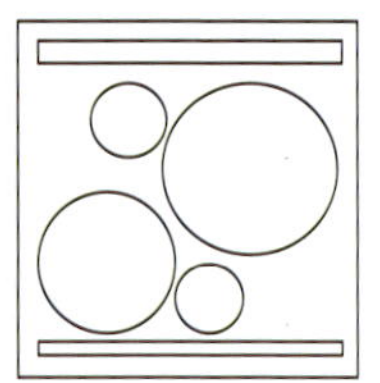

1

曲线型版式是图片或文字在版面结构上呈曲线的编排构成，会产生节奏和韵律感。

2

在版式设计中，往往会通过曲线形状调整矩形图片的轮廓，让图片轮廓变得更柔和。

3

在版式设计中，曲线型设计不宜过多，可以在众多基本的版式中穿插使用。

曲线型版面能够让版面更加具有韵律感和节奏感，这种版面是通过用图片或者图案进行组合或者调整的，在整体上做出曲线形的组合或者排列，有时候也会通过把矩形图片的边框做成曲线图形。曲线型版式设计具有一定的趣味性，让人的视线随着画面上元素的自由走向而产生变化。

在使用曲线型版式风格的时候也要很谨慎，如果用不好就容易使整个版面的内容杂乱无章，没有秩序感。

生动

曲线型版面跟水平或垂直型版面相比多了一份生动性。

创意

曲线型版面可以根据图片形状排列出更具有创意的形式。

节奏

多种曲线有秩序地排列，形成的版式具有很好的节奏感。

1 有趣味的版式案例解析

这是一款介绍美食的界面，通过厨具的形状来划分版面，形成一个很有创意同时又充满趣味的曲线型版面。

2 活跃的版式案例解析

这款页面很简单地把整个版面进行了巧妙的分割，形成两个部分，一部分是文字内容，一部分是图片内容，这种方式会让原本呆板的版面充满活力。

3 轻松的版式案例解析

多种曲线分割形成的版面会带给人们一种无约束的自由轻松感。这个界面设计就是通过多个曲线分割版面，使原本僵硬的图片边缘现在也变得柔和，整个版面很舒服、清爽、轻松。

案例赏析

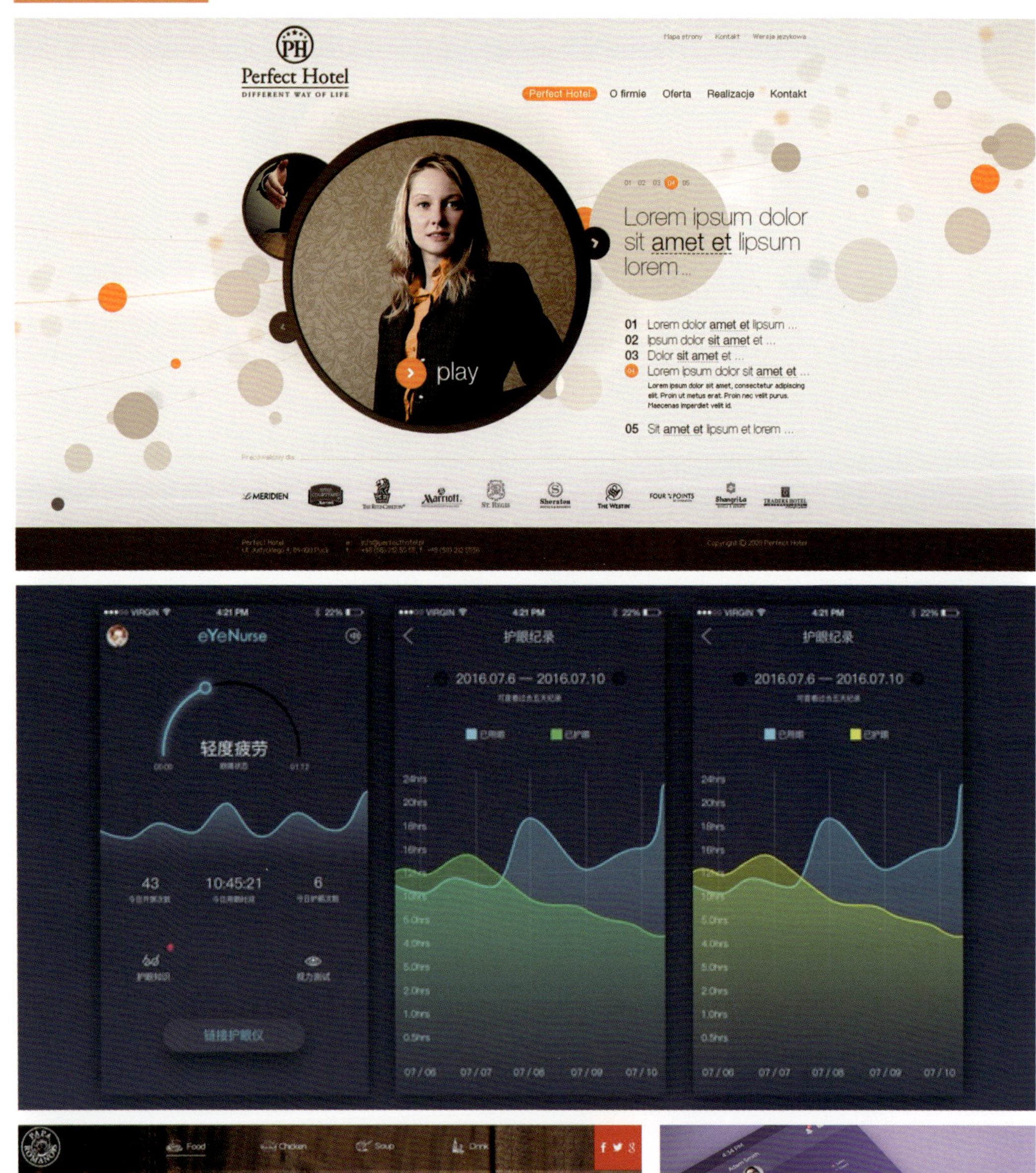
Perfect Hotel
DIFFERENT WAY OF LIFE
Perfect Hotel
O firmie
Oferta
Realizacje
Kontakt
Lorem ipsum dolor sit amet et lipsum lorem...
01 Lorem dolor amet et lipsum ...
02 Ipsum dolor sit amet et ...
03 Dolor sit amet et ...
Lorem ipsum dolor sit amet et ...
05 Sit amet et lipsum et lorem ...
play
eYeNurse
轻度疲劳
43
10:45:21
6
链接护眼仪
护眼纪录
2016.07.6 — 2016.07.10
07 / 06
07 / 07
07 / 08
07 / 09
07 / 10

Food
Chicken
Soup
Drink
215
CALORIES
GOOD TASTE
NEEDS
GOOD
MATERIAL
PAPA ROMANOS
CONTACT US
13656700052

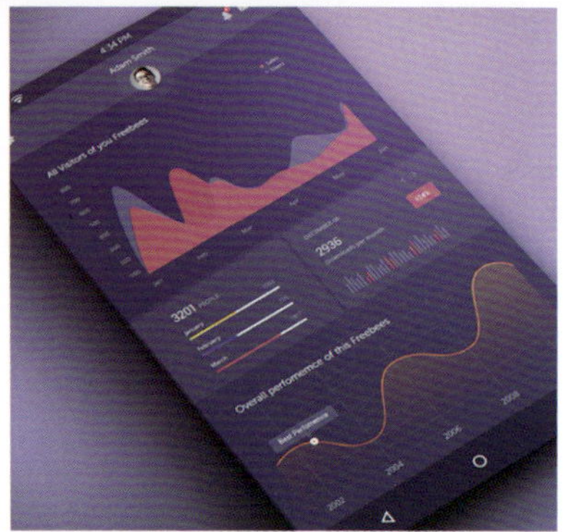

案例赏析

曲线型版面在界面设计中比较常用，尤其是网站首页应用得比较多。这种版面形式容易带给版面一种活跃性，使其充满活力。

在设计首页版面的时候，曲线不能应用得过多，如果太多会使版面显得比较凌乱，没有主体，要保证在不破坏主体内容的情况下巧妙地使用曲线型版面形式。

5
核心——整齐的内文与有节奏感的版面

知识导读

1

核心型的版式主要是在版面中有一个很突出的主体物，主体物往往视觉冲击力比较强。

核心型的版式在排列内容的时候所有的内容都是围绕主体物进行的，或者其他内容都是围绕主体物进行排列的。

核心型的版式往往跟水平型版式或者垂直型版式，以及其他种类的版式相结合，在整体形式上突出主体。

核心型版式也是版式设计中比较重要的一种，在视觉上具有一定的引导性。

核心型版式设计一般都是跟其他的版式设计形式一起出现的，指示其他的设计形式作为辅助性的内容，共同排列组合形成核心型的版式。核心型版式主要是突出主要的物体，在视觉上形成视觉重心，引导读者的阅读顺序和视觉顺序。

创意

核心型版式由于其本身的排列形式比较特殊，所以更容易具有创意性。

精致

核心型版式需要其他多种版式的烘托，需要很多细节内容，所以整体看起来会比较精致。

直观

视觉冲击力强是核心型版式的特征之一，所以这样的特征更容易使人直接看到主体内容，直观性很强。

1 主题式的版式案例解析

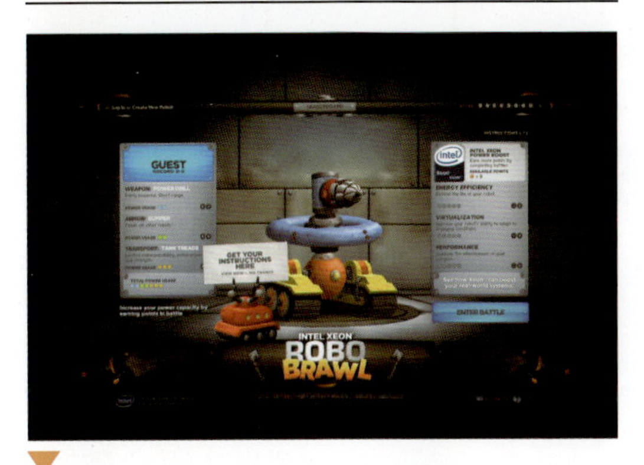

这个界面的版式设计比较舒服，一眼就能够看出主体，视觉冲击力也比较强，所有的内容都是围绕着中间的主体物进行的，主体性比较强。

2 对比式的版式案例解析

图片和文字的对比能够形成很好的视觉中心，这样的版式设计也是很好的核心型版式设计的例子。

3 时尚的版式案例解析

这一界面中的文字和图片对比很强，大面积的图片及对比很强的文字通过不同的排列方式形成了一种轻松愉快的版面，加上整体的暖色调给人一种时尚感。

案例赏析

TODAY LIBRARY
SMART GUIDE
스마트검색
02 3450 8970

TODAY LIBRARY
SMART GUIDE
02 3450 8970

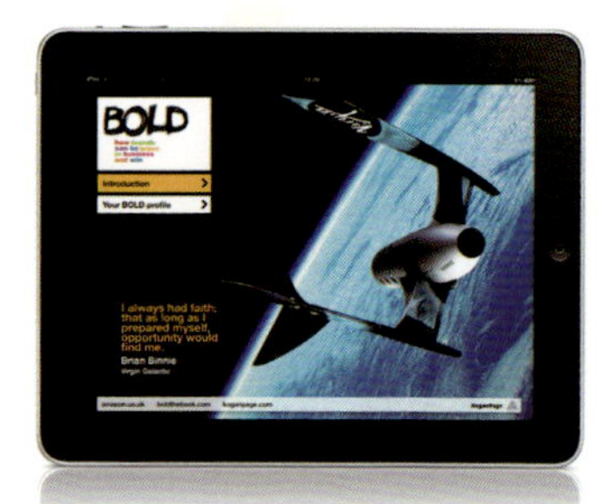
BOLD

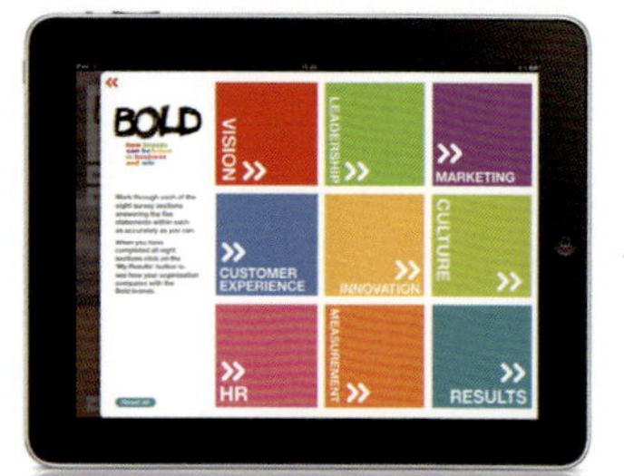
BOLD
VISION
LEADERSHIP
MARKETING
CUSTOMER EXPERIENCE
INNOVATION
CULTURE
HR
MEASUREMENT
RESULTS

art
CIRCLES
Chartreuse
VIEW COLLECTION
COLORS
COLLECTIONS

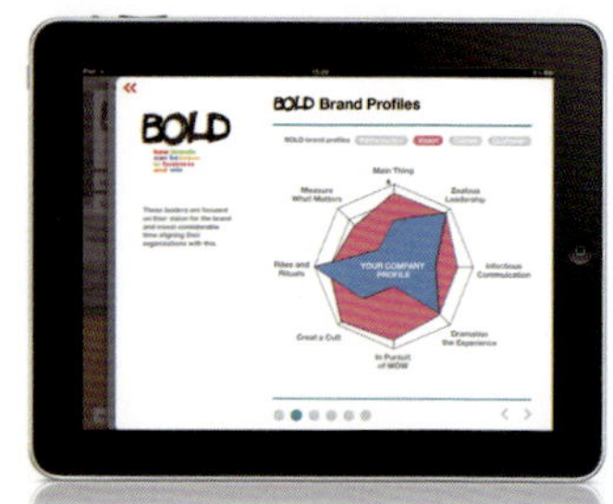
BOLD
BOLD Brand Profiles

gL
About me
Contacts
Web
Flash
Photo
Hire me:
to@designergleb.com
+38 (067) 995 7622
skype: gleb.leksikov
© 2011

案例赏析

核心型版式设计形式在版式设计中是比较常用的，因为这种形式更能够直观地突出所表现的内容，能够更好地表达主题。核心型版式设计也具有很好的视觉引导性，它能够在第一时间引导读者去阅读页面中最主要的信息，所以在设计页面的时候根据内容的重要性可以选择核心型版面。

6
导示——让琐碎的元素变得有条理

知识导读

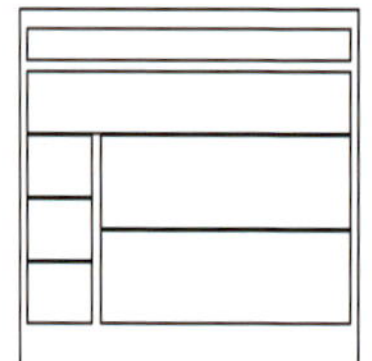

1

导示型版式设计是图片和文字或两者兼而有之的排列形式，在视觉上具有一定的引导性，这种引导性会影响读者的阅读顺序。

2

版式设计中常用色带来进行引导性的排列。

3

版式设计中最好不要出现太多的引导性内容，最好一次只有一个。

导示型版式设计主要是图形和文字内容及色彩对读者的一种引导性阅读顺序形成的版式。这种版式设计具有一定的秩序感，这种版式往往用在工具或者一些应用型的界面中。

导示型的版式设计具有很强的逻辑性和秩序感，在一个复杂的页面里面，内容相当多，当读者需要很快找到某种信息的时候，导示型的设计会起到很大的作用。常见的导示型版式就是信息分类的图标性关键词排列。

标示

标示性的文字、图片、色彩在导示型版式设计中应用得比较广泛，指示性比较强。

色彩

色彩的引导性是比较强的，色彩的明度和纯度在视觉上会有很好的次序感。

形象

图形的形态在视觉上会形成不同层次的吸引力，具象的图片更能够吸引人。

1 拼贴的版式案例解析

这款界面是用图片拼贴的形式引导读者进行浏览的，拼贴图片的大小对比也形成了一定的顺序感。

2 色块的版式案例解析

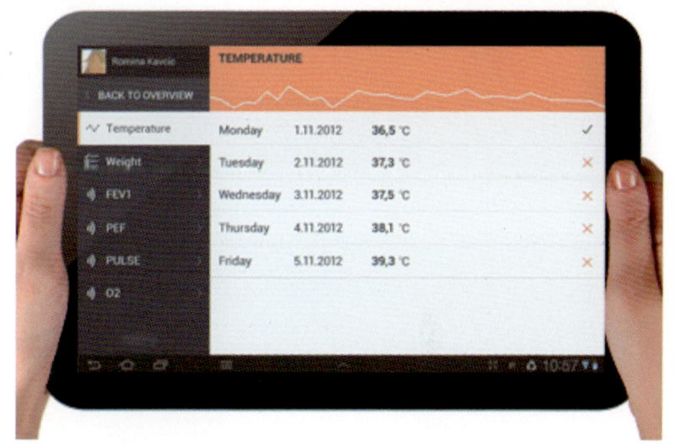

这款界面的版式设计非常简洁，仅 3 个重要的色块，同一个颜色的内容是一致的，所以这种导示型的内容是非常准确的，也是可以让人一目了然的。

3 数字的版式案例解析

在众多的导示型版式设计中，使用数字进行排列的顺序感是最强的。人们习惯于根据数字的顺序进行浏览和阅读，所以运用数字在导示型版式设计中也是比较好的一种方式。

案例赏析

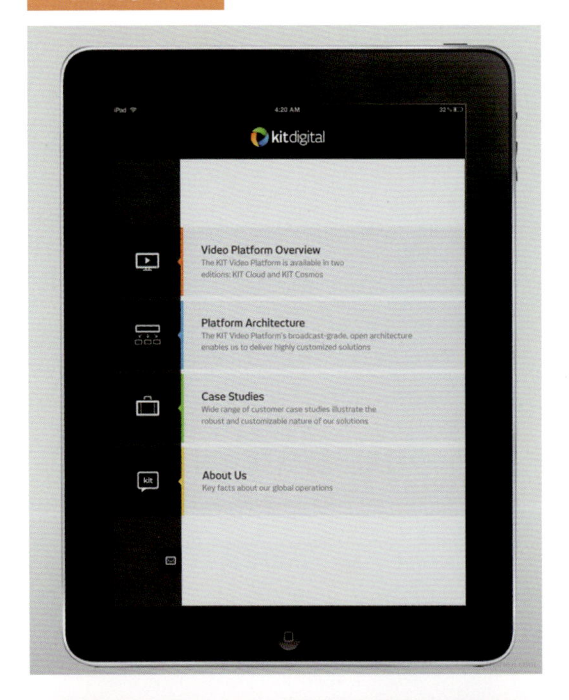
kitdigital
Video Platform Overview
The KIT Video Platform is available in two editions: KIT Cloud and KIT Cosmos
Platform Architecture
The KIT Video Platform's broadcast-grade, open architecture enables us to deliver highly customized solutions
Case Studies
Wide range of customer case studies illustrate the robust and customizable nature of our solutions
About Us
Key facts about our global operations

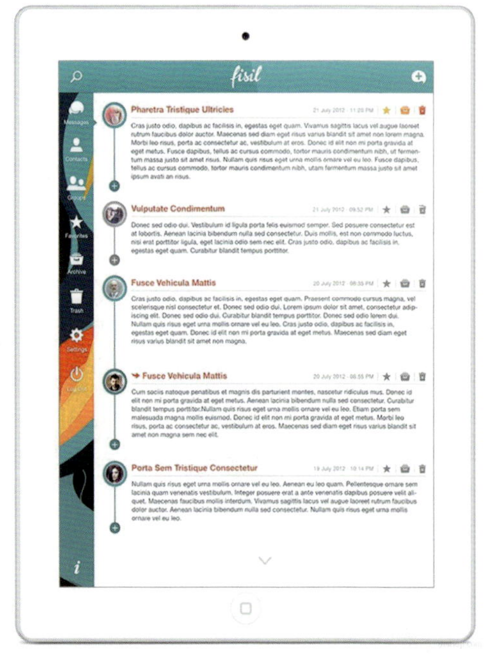
fisil
Pharetra Tristique Ultricies
Vulputate Condimentum
Fusce Vehicula Mattis
Fusce Vehicula Mattis
Porta Sem Tristique Consectetur

Plus
DESIGN STUDIO
CHOOSE COLOR SCHEME
ENTER YOUR KEY WORD
HOME
ABOUT US
OUR SERVICES
OUR CLIENTS
MEDIA
SOLUTIONS
CONTACT US
Interior design
Home
About Us
Services
Lorem Ipsum
is simply dummy text of the printing and typesetting industry. Lorem Ipsum has been the industry's standard dummy text ever since the 1500s, when an unknown printer took a galley of type
and scrambled it to make a type specimen book. It has survived not only five centuries, but also the leap into electronic typesetting.
is simply dummy text of the printing and typesetting industry.
Lorem Ipsum has been the industry's standard dummy text
ever since the 1500s, when an unknown printer took a galley of type
DESIGN BY JK89
©2007-2008

案例赏析

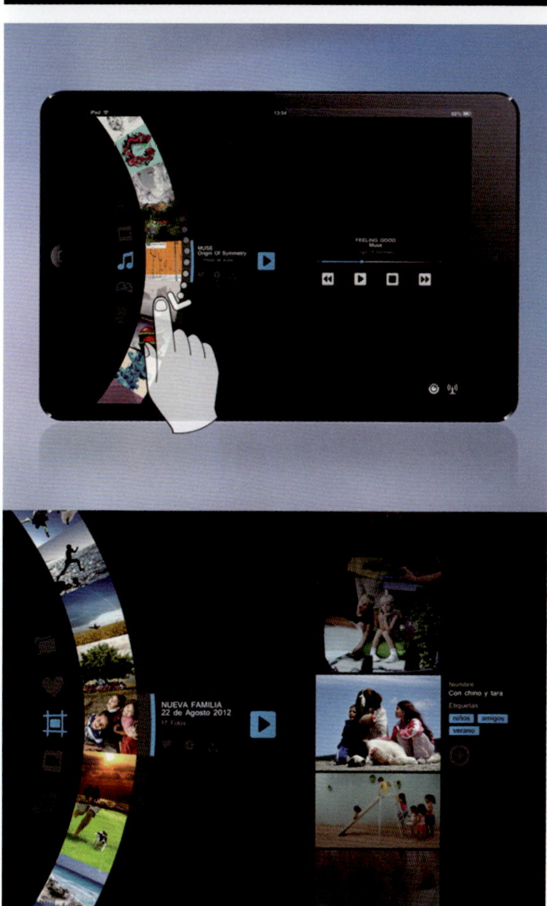

导示型版式设计常常用于信息内容比较多，分类也比较多、比较复杂的版面中。没有浏览的顺序，众多的信息让读者无从下手，这时候就需要导示型的图形、文字、色彩或者相关的一些内容进行阅读顺序的调整，使读者在面对这么多信息的时候，有主次地去浏览和阅读信息。

7 反复——如何整合散乱的页面

知识导读

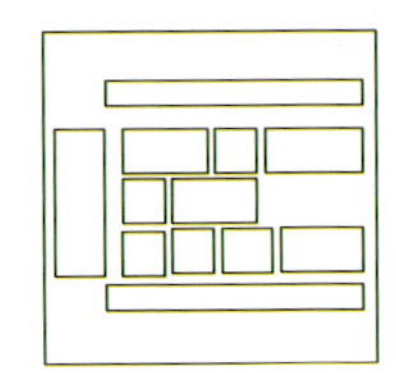

反复的版式设计可以将复杂凌乱的内容整合起来，这样就比较有秩序感。

2

进行反复版式设计的时候可以使用图形、色块等进行整合，这样可以把零散的内容进行小规模的归纳整理。

3

反复的版式设计在视觉上有一定的秩序感、律动性和节奏感，在整体版面上比较统一。

当一个页面的内容偏多、种类也比较繁杂的时候，会让人阅读起来感觉很困难。这个时候就需要把复杂的内容简单化，对散乱的内容进行整合，所以这时图形的应用和色块的运用就会起到很好的整合作用。把相关的信息用不同的色彩归纳，然后就会出现各种颜色的色块，这样整个版面就简单化了，也就形成了多种色块内容的反复性。

秩序

反复型的版式设计具有很强的秩序感。

简洁

反复型的版面是把复杂的内容进行整合，这样整体的版面看起来就比较简洁、干净。

重复

反复型版式最大的特点就是元素的反复，这也是让复杂的内容简单化的一个重要方式。

1 有节奏感的版式案例解析

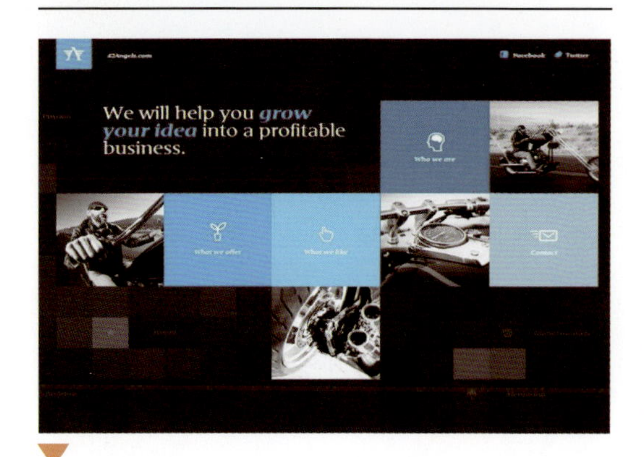

这款界面的版式设计有很强的节奏感，形状上的反复及色彩上的反复让整个版面有一定的动感，同时也把版面的内容简单化了。

2 统一的版式案例解析

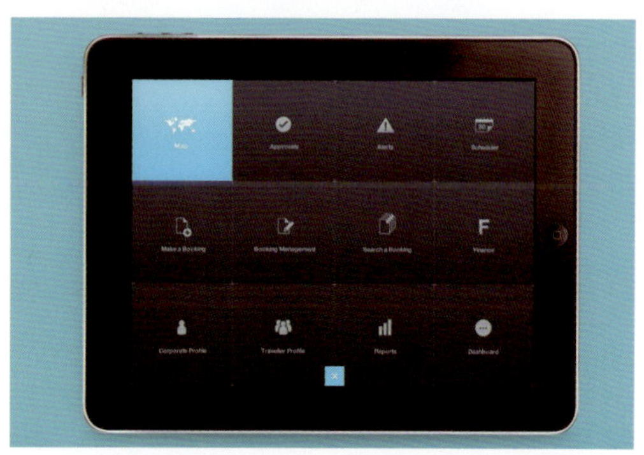

这款界面的版面看起来统一、简洁，整个画面很干净，一点都不凌乱，这都归功于比较有秩序的反复的矩形。

3 规整的版式案例解析

这款界面中图片的视觉冲击力都很强，再加上解释的文字，整个画面内容还是非常多的，利用白色的矩形背景框把视觉冲击力强的图片和文字同时放在一起，这样整个画面就不再显得凌乱，所有内容都规整在一起，看着比较舒服，版面也比较干净、有秩序。

案例赏析

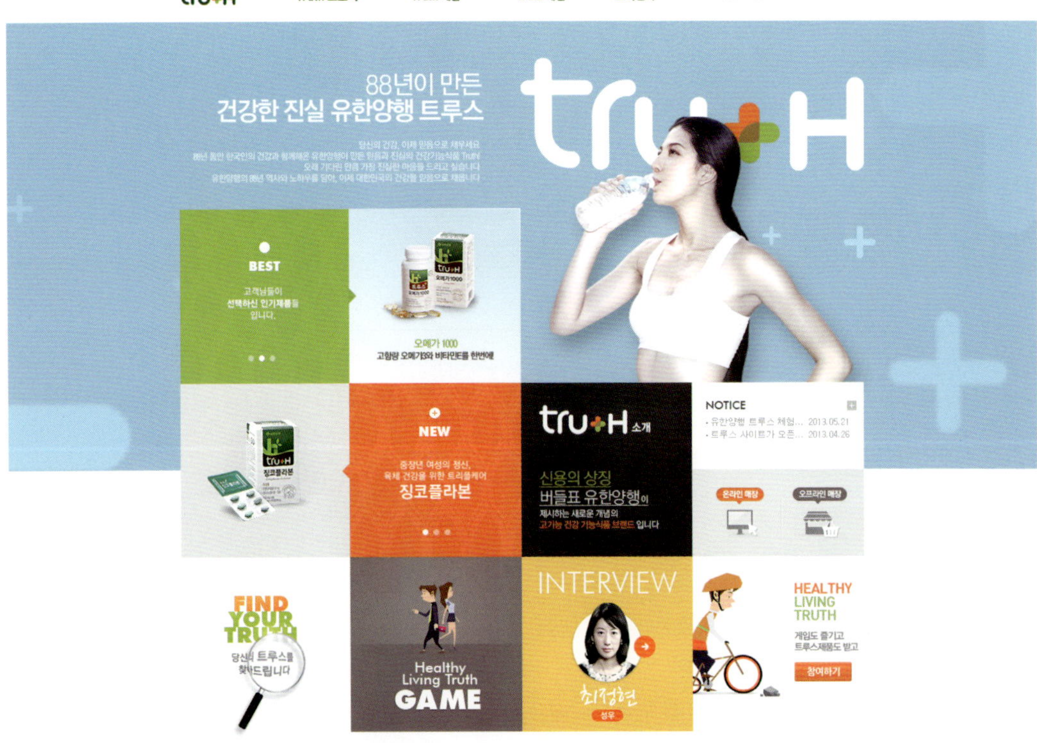

tru+H
Truth 스토리
Truth 제품
Truth 체험
고객센터
88년이 만든
건강한 진실 유한양행 트루스
BEST
오메가 1000
NEW
징코플라본
tru+H 소개
신용의 상징
버들표 유한양행이
NOTICE
온라인 매장
오프라인 매장
FIND YOUR TRUTH
Healthy Living Truth
GAME
INTERVIEW
HEALTHY LIVING TRUTH
참여하기

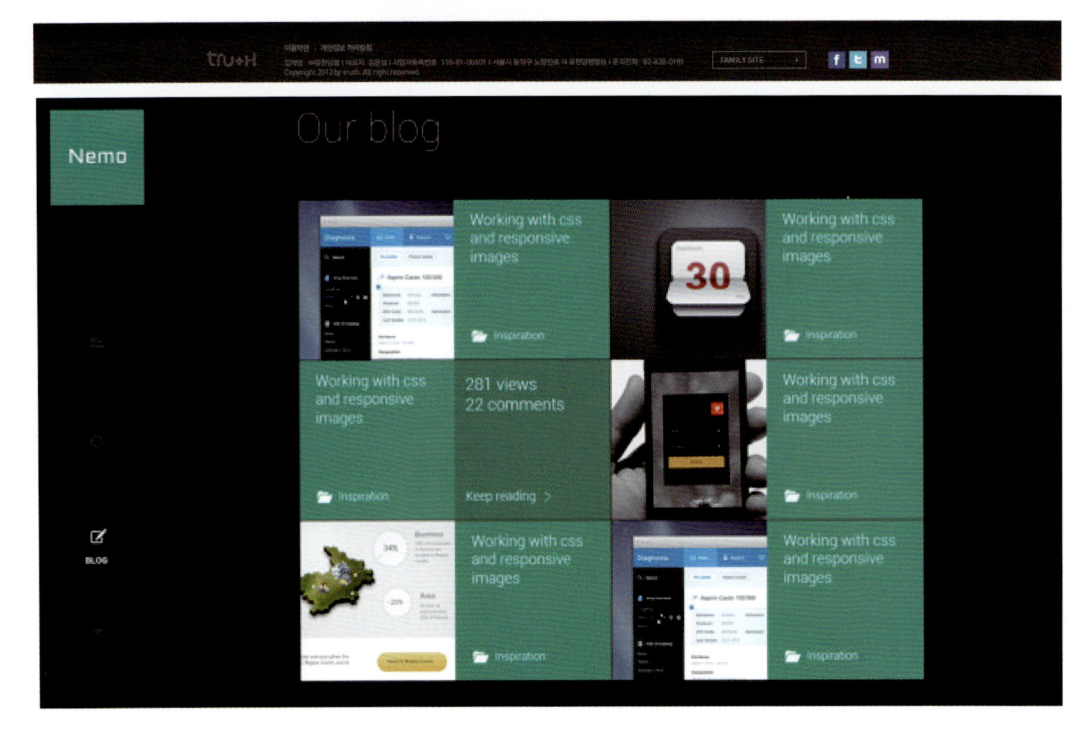

Nemo
Our blog
Working with css and responsive images
Inspiration
30
281 views
22 comments
Keep reading
BLOG

案例赏析

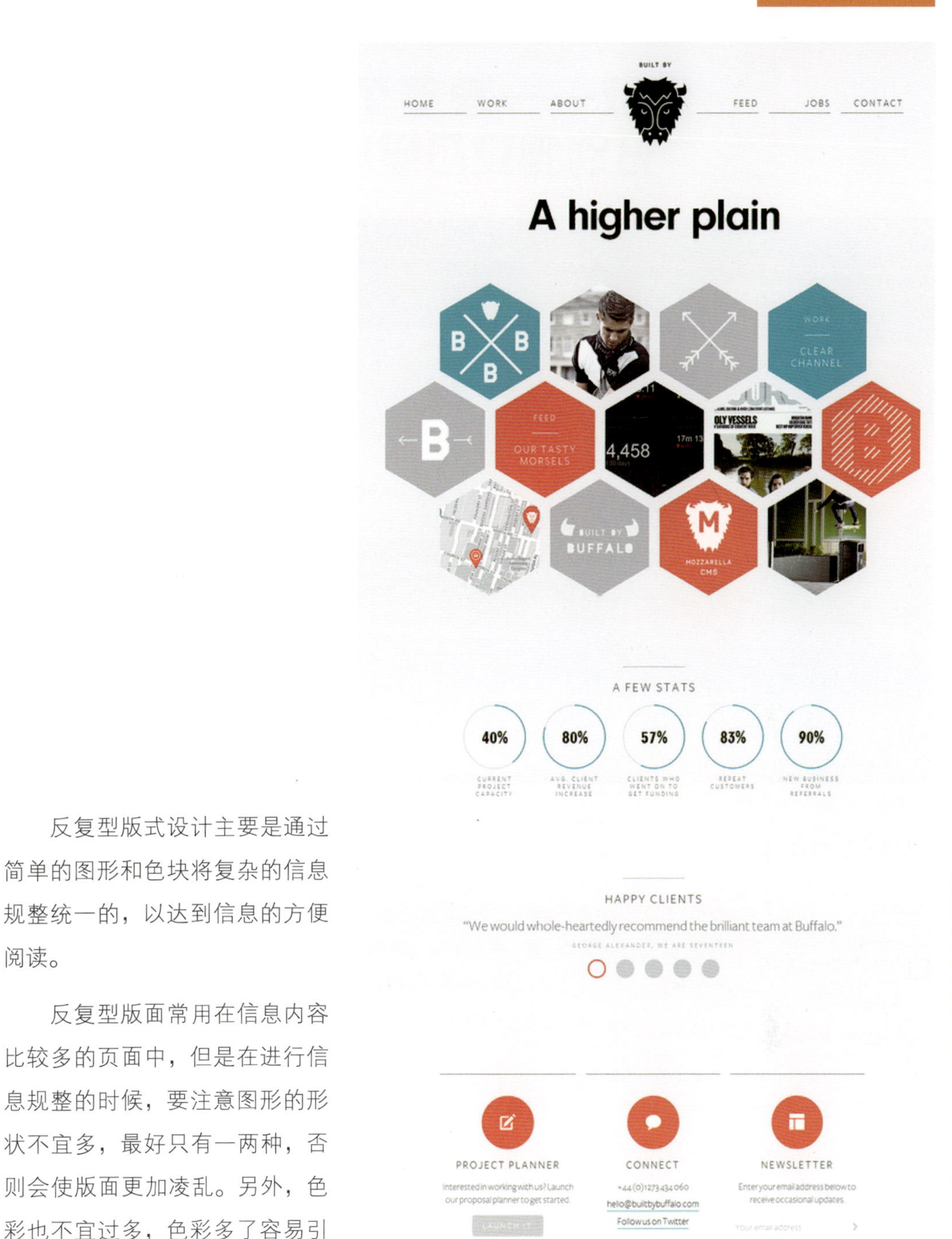

反复型版式设计主要是通过简单的图形和色块将复杂的信息规整统一的，以达到信息的方便阅读。

反复型版面常用在信息内容比较多的页面中，但是在进行信息规整的时候，要注意图形的形状不宜多，最好只有一两种，否则会使版面更加凌乱。另外，色彩也不宜过多，色彩多了容易引起版面的混乱。

8 分散——将多个内容分别独立凸显出来

知识导读

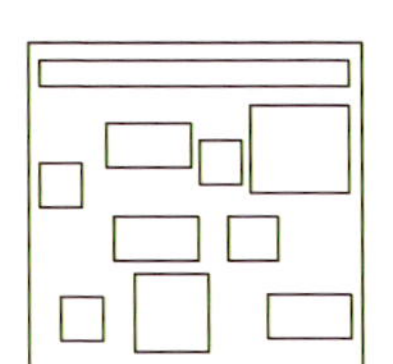

1 分散型的版式设计会使整个版面更加活泼，没有任何拘束感，整体充满活力。

2 分散型的版式设计会让每个内容独立呈现，没有很强的视觉引导性，读者可以自由选择阅读所需信息。

3 分散型的版式设计本身是比较轻松自由的，但是内容不宜过多，不能太过拥挤，这样版面才会让人觉得比较舒服。

网页界面的版式设计一般都会严格地遵守网格的规律，使用引导性比较强的排列方式，这种页面看起来比较正规、严谨一些，但是也过于传统。使用分散型的版式设计可以突破网页原来的设计理念，让整个页面更具活跃的气氛，画面更加轻松自由。

在网页界面版式设计中使用分散型的方式要注意的是版面的内容不宜过多，更不能过于拥挤，要适当地留有空白，这样整个版面才会有活动的空间，否则整个版面排满内容，显得很凌乱，又很拥挤。

轻松

分散型的版式设计是所有版式设计形式中最轻松、最自由的，没有太多的约束。

主次

分散型的版式设计在内容上也是有主次关系的，主要是通过视觉冲击力来区分的。

层次

分散型的版面在整体上是有很好的层次感的，图片的大小、文字的疏密、色彩的明暗都有很丰富的层次。

1 自由的版式案例解析

这款界面的版式非常舒服，整个色调是绿色的，信息排列很自由，在整个画面中非常和谐，使人阅读信息时也很轻松。

2 虚实感的版式案例解析

页面的内容非常多，但是有些图片是单色的，有些图片是有色彩的，这就形成了一种虚实的效果，整体非常有层次。

3 有层次的版式案例解析

这款网页的设计很清新，色彩也让人觉得很舒服，版面排列在分散中也有一丝秩序感，且没有很强的网格约束。画面的内容通过色彩和图片的大小对比形成很强的层次感，在阅读的时候也有意识地进行引导型的阅读。

案例赏析

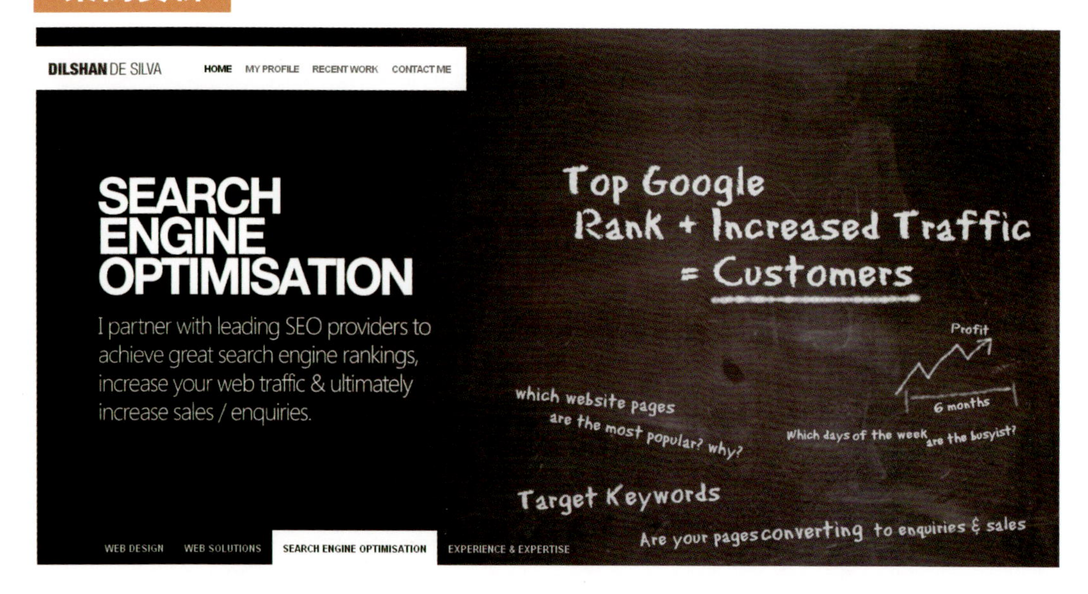
DILSHAN DE SILVA
HOME
MY PROFILE
RECENT WORK
CONTACT ME
SEARCH ENGINE OPTIMISATION
I partner with leading SEO providers to achieve great search engine rankings, increase your web traffic & ultimately increase sales / enquiries.
Top Google Rank + Increased Traffic = Customers
Profit
6 months
which website pages are the most popular? why?
Which days of the week are the busyist?
Target Keywords
Are your pages converting to enquiries & sales
WEB DESIGN
WEB SOLUTIONS
SEARCH ENGINE OPTIMISATION
EXPERIENCE & EXPERTISE

TOYOTA | moving forward
ABOUT TOYOTA
LOCATE A DEALER
PREFERENCES
MAIN MENU
What are you looking for?
Search
Search help
ASK
2007 TUNDRA EXPERIENCE
PRINT THIS PAGE
READY TO BUY?
EXPERIENCE
FEATURE IMAGE
FEATURE IMAGE
5 GEAR SHIFT
FEATURE IMAGE
PHOTOS & VIDEOS
RESEARCH
SHOP
EVENTS / LIFESTYLE
SPIN CAR
SHOW MEASUREMENTS
SHOW PERSON
DOWNLOAD THIS VEHICLE AS WALLPAPER
CLICK TO DRAG
MODELS
COMPARE MODELS
COLORS
ACESSORIES
WHAT CAN FIT?

案例赏析

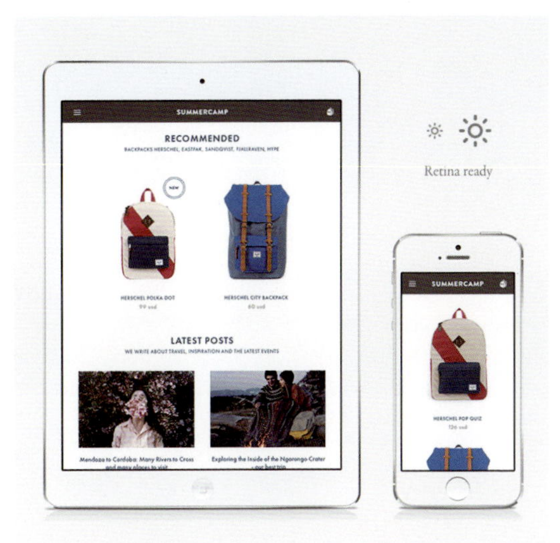

分散型的版式设计虽然在排列上比较自由，但也不是完全没有任何规律和计划地去排列，也要注意内容的主次关系和层次区分。

在进行分散型版式设计的时候，要切记，页面一定要适当地留白，要让整个版面有移动的活动空间，不能把整个版面都排满，这样显得太过拥挤，让读者感到不舒服。

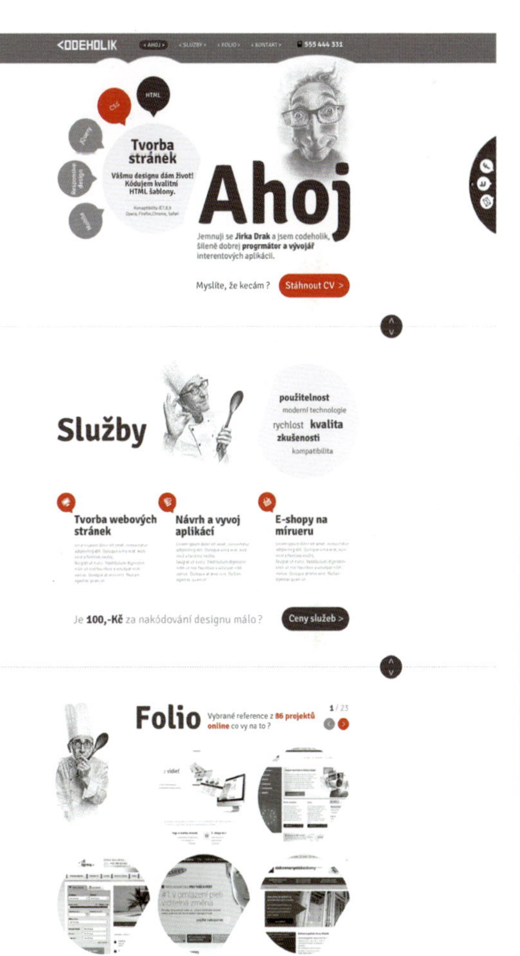

02

版式设计

移动版式设计的类型

1

整版——分割出简单易懂的版面结构

知识导读

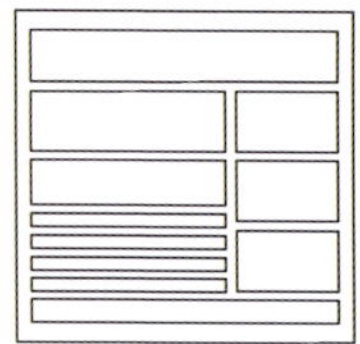

1

界面的整版设计是版面设计中内容比较多的，对信息比较详细，版面比较大。

2

整版的设计一般会对整个版面进行分割，对信息进行归纳，这样比较易于观者浏览。

3

整版的设计比较大气，整体比较简洁。设计整版的版面时，切记不要放太多干扰性的元素，标题行的内容越少越好。

在 APP 界面设计中，整版的使用也是比较常见的一种方式，这种版面整体的内容可以使人一目了然，版面通常设计得比较简洁、大方。在整版的版面设计中，经常会使用水平和垂直排列的样式，这样内容比较明确。

在整版版面设计中不宜使用过多的色块，颜色对比不宜过强，内容的秩序感要强，否则浏览内容时比较困难。

趣味

整版的版面设计可以设计得很有趣味性，因为整个版面在设计上还是比较自由的。

干净

整版的版面设计往往看起来比较干净，内容不是很杂乱，比较有秩序。

节奏

如果整版版面中图片比较多，可以将其排列得很有节奏感，这样的整版版面看起来会更舒服。

1 明确的版式案例解析

这种整版的版面设计是比较舒服的，通过简单的色块来区分每一部分内容，信息的分类非常明确，整体看起来非常整齐有序。

2 大方的版式案例解析

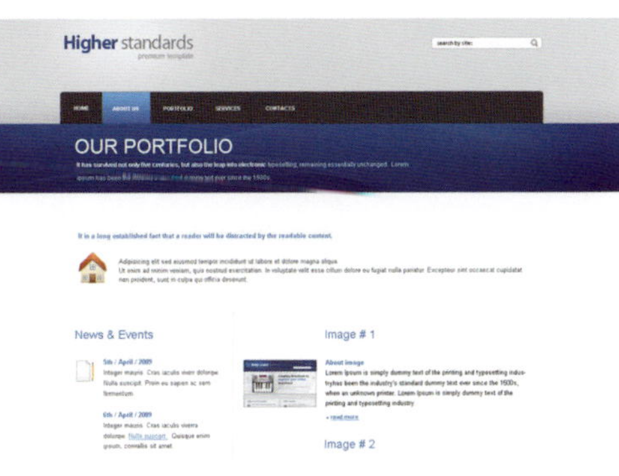

这种版面通过蓝色、灰色和白色背景的搭配，以及整齐有序的文字排列，使整个版面看起来比较大气。

3 简洁的版式案例解析

这种版面的设计通过 3 种形式呈现出来，内容比较多，但是通过这种有序的排列，没有太多的图形和色彩的陪衬，使整个版面看起来简洁大方，更方便浏览。

案例赏析

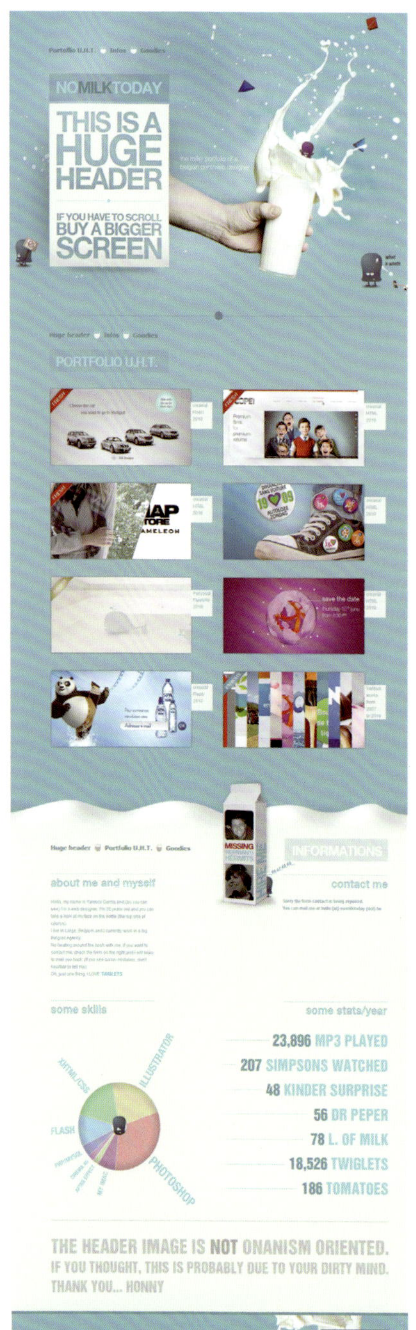

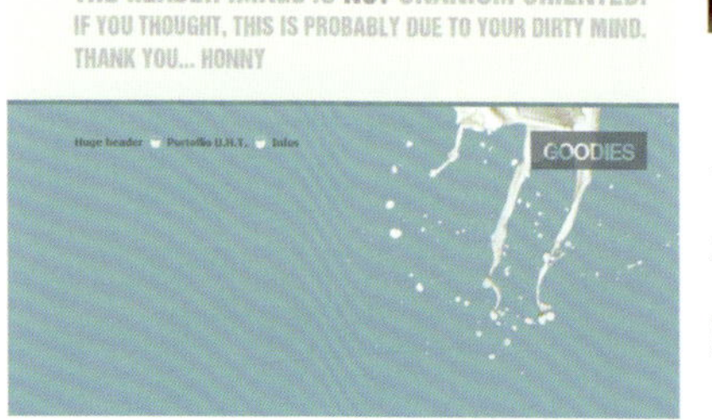

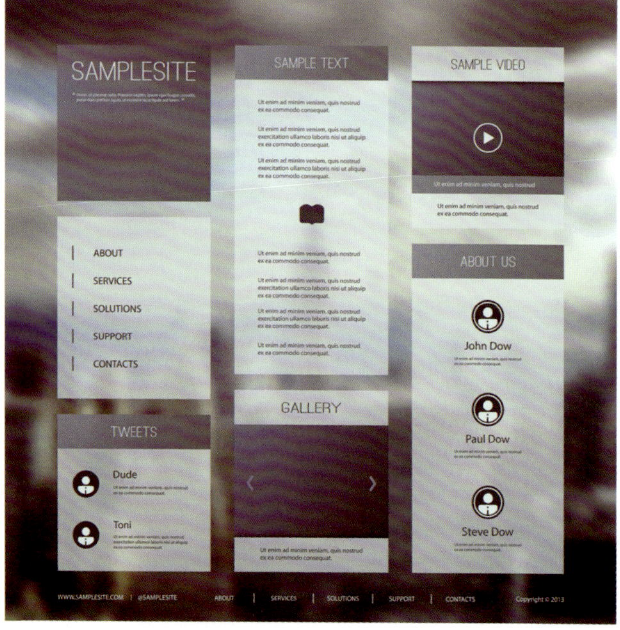

整版的版面在视觉上看起来是比较舒服的，简洁、干净、大方，在设计的时候要注意信息的方便浏览性，在适当的时候可以考虑用一些具有活跃性的图片或者图形稍微打破一下这样安静的页面，给页面增加一分生气。

案例赏析

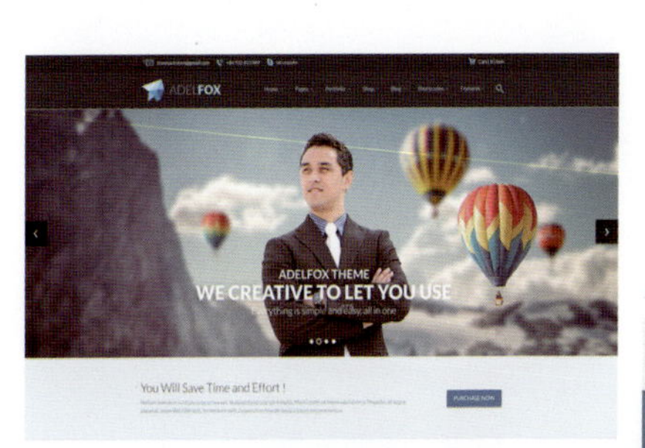

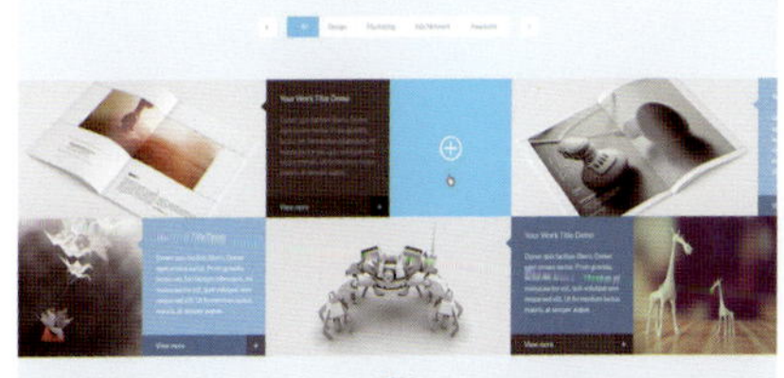

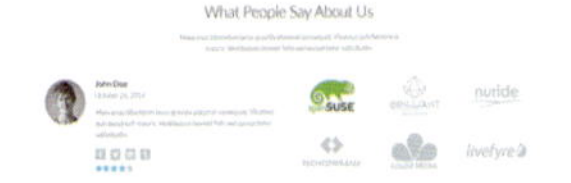

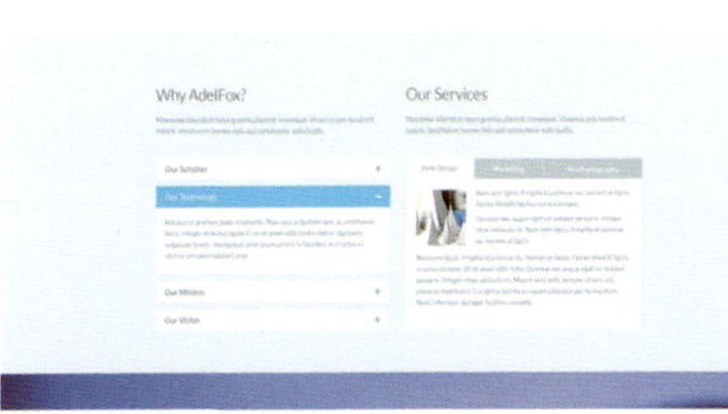

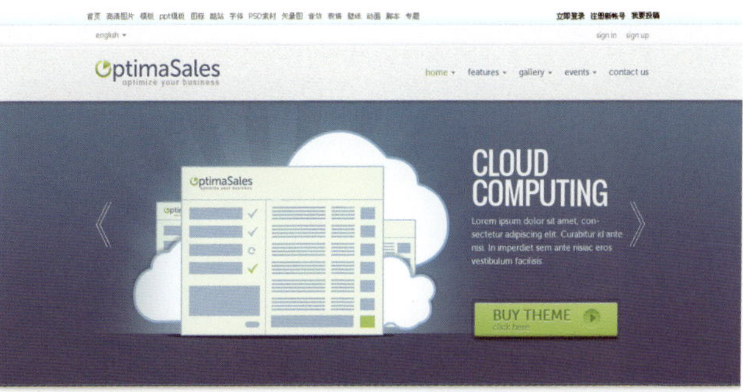

WHAT IS OPTIMASALES?

Lorem ipsum dolor sit amet, consectetur adipiscing elit. Phasellus tempus libero justo, non egestas dolor. Donec a venenatis massa. Suspendisse ornare, lacus sed vestibulum egestas, velit lectus facilisis neque, at mattis augue dolor quis est. Morbi non lobortis magna. Vestibulum quis lectus sit amet nisi tempus cursus.

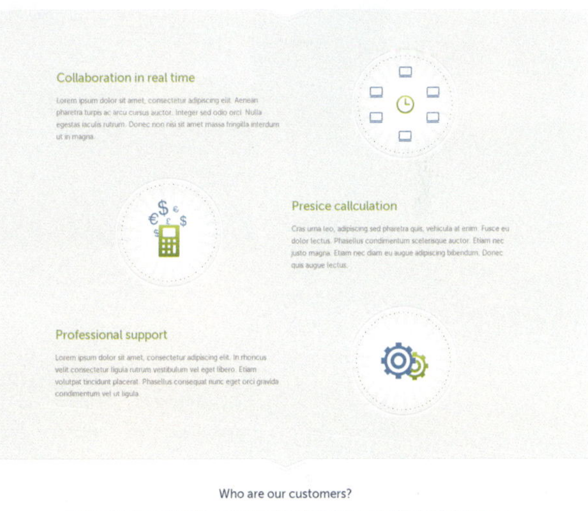

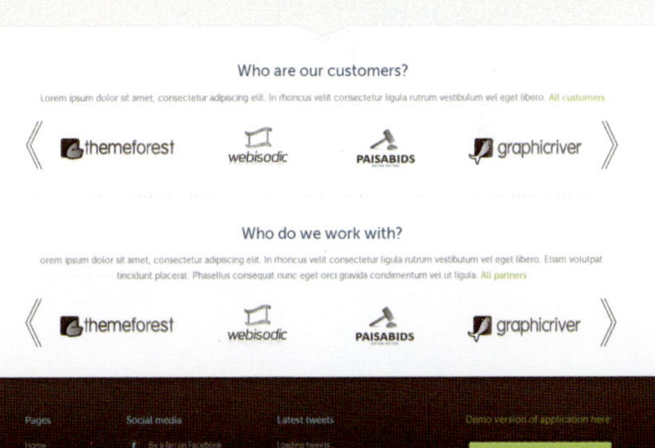

2 骨骼——如何做出清爽整齐的版面

知识导读

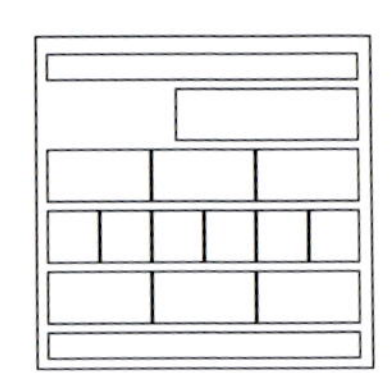

1 骨骼型版式是一种比较规范和理性的设计形式，能够把复杂的内容简单化。

2 骨骼型的设计形式可以让整个版面看起来更有秩序感，更加简洁。骨骼型版式也比较常用。

3 一个版面可以使用很多种版式设计形式，同一个设计形式如果过多会造成版面的死板，所以骨骼型也是一样的，可以配合其他的版式设计形式一起出现。

骨骼型版式的基本原理是将版面刻意按照骨骼的规则，在图片和文字的编排上严格按照骨骼比例进行配置，给人以严谨、和谐、理性的美。骨骼型版式常见的方式就是将内容分栏，主要是竖向分栏，一般分为 2 ~ 4 栏。

一般版面不能全部都是骨骼的形式，需要利用混合的编排形式，这样整个版面会打破原有的那种理性，让画面充满一丝活跃感。

序列
由于骨骼的特殊性，这种版式的排列形式有很强的秩序感，版面整体看起来比较规范、有序。

理性
骨骼型是一种具有很强理性特征的版式排列方式，它能够把繁杂的信息进行有序的归纳。

打破
一个版面中存在过多的骨骼型设计会让版面失去活力，所以有时候需要用一些异形图形来打破这种严谨的状态。

严谨的版式案例解析

这个版面中的信息非常多，通过骨骼型的设计形式把信息进行归纳分类，然后把版面分为几个竖向的栏，使版面整体看起来比较严谨，浏览内容也比较方便。

2 变化的版式案例解析

当页面中骨骼型的设计比较多的时候，版面就容易失去活力，适当地加入一些异形图片可以打破这种严谨的版面，增加一些变化，这样版面会更加具有活力。

3 混合的版式案例解析

混合形式的设计在版面中是较常用的，但是必须有一种形式作为主体样式，而且混合形式的版式中样式不能太多，否则就会太杂乱。混合形式的版式设计能够让版面内容看起来更加丰富，视觉冲击力也比较强。

案例赏析

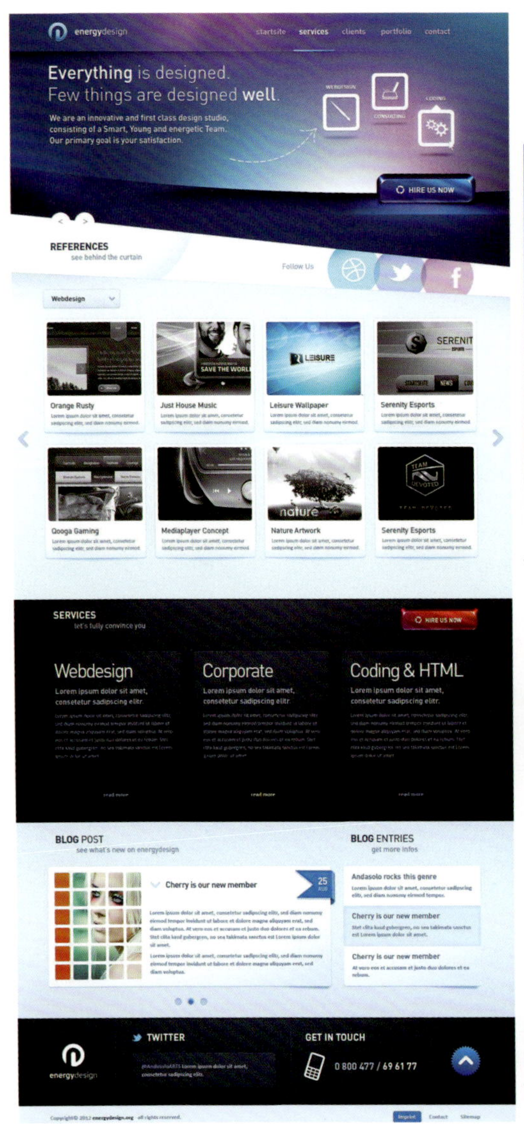

energydesign
startsite
services
clients
portfolio
contact
Everything is designed.
Few things are designed well.
We are an innovative and first class design studio,
consisting of a Smart, Young and energetic Team.
Our primary goal is your satisfaction.
HIRE US NOW
REFERENCES
see behind the curtain
Follow Us
Webdesign
Orange Rusty
Just House Music
Leisure Wallpaper
Serenity Esports
Qooga Gaming
Mediaplayer Concept
Nature Artwork
Serenity Esports
SERVICES
let's fully convince you
HIRE US NOW
Webdesign
Corporate
Coding & HTML
Lorem ipsum dolor sit amet,
consetetur sadipscing elitr.
BLOG POST
see what's new on energydesign
Cherry is our new member
BLOG ENTRIES
get more infos
Andasolo rocks this genre
Cherry is our new member
Cherry is our new member
TWITTER
GET IN TOUCH
0 800 477 / 69 61 77
energydesign

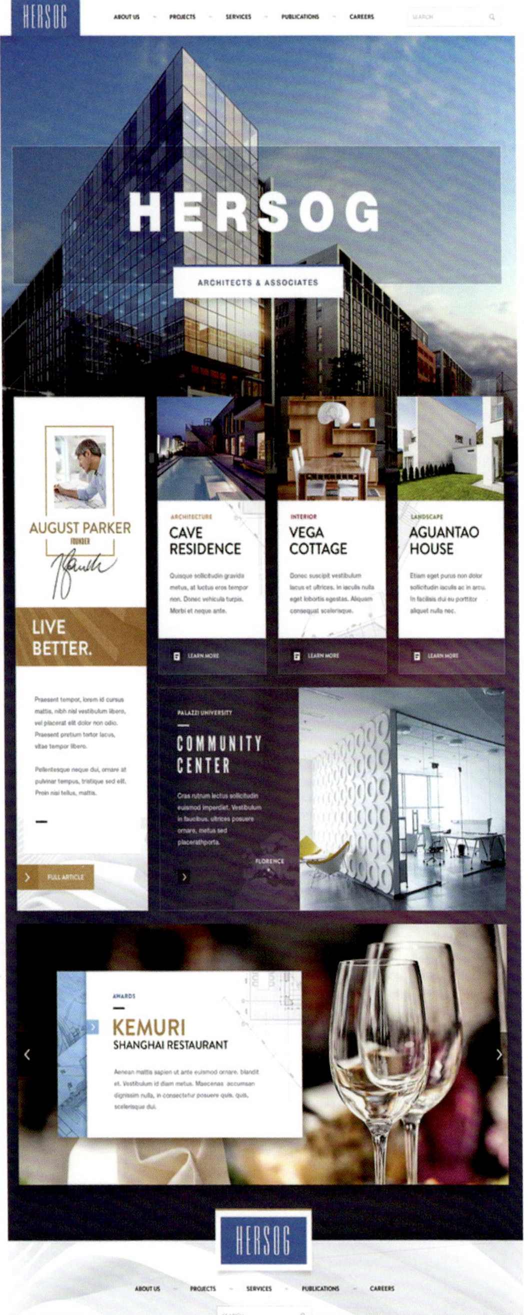

HERSOG
ABOUT US
PROJECTS
SERVICES
PUBLICATIONS
CAREERS
HERSOG
ARCHITECTS & ASSOCIATES
AUGUST PARKER
FOUNDER
LIVE BETTER.
FULL ARTICLE
ARCHITECTURE
CAVE RESIDENCE
INTERIOR
VEGA COTTAGE
LANDSCAPE
AGUANTAO HOUSE
LEARN MORE
LEARN MORE
LEARN MORE
PALAZZI UNIVERSITY
COMMUNITY CENTER
FLORENCE
AWARDS
KEMURI
SHANGHAI RESTAURANT
HERSOG
ABOUT US
PROJECTS
SERVICES
PUBLICATIONS
CAREERS

案例赏析

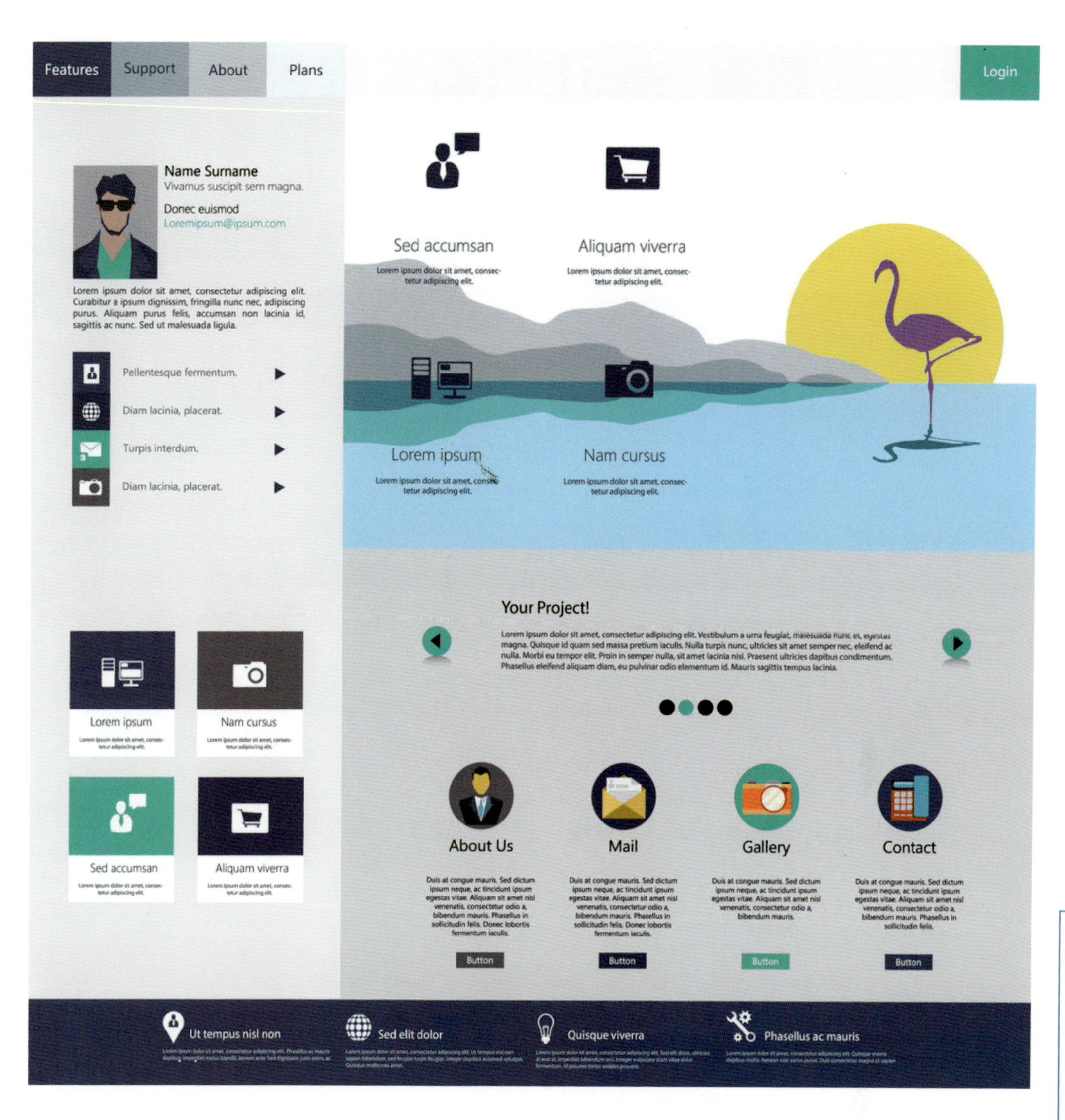

骨骼型的设计形式在版式设计中应用得最为广泛，因为骨骼型设计可以把复杂的信息简单化，使凌乱的内容变得更有秩序感。骨骼可以让版面给人一种很干净、很理性的感觉，可以带给人们一种规范的美。

当然过多的骨骼型设计也会让版面过于严肃，没有太多的活力，有些版面则需要充满活力的设计，所以在进行版面形式的选择时可以选择混合型的版面设计，这样既能让版面信息很明确，易于浏览，又能让版面充满活力。

3
对称——让版面读起来更加有趣

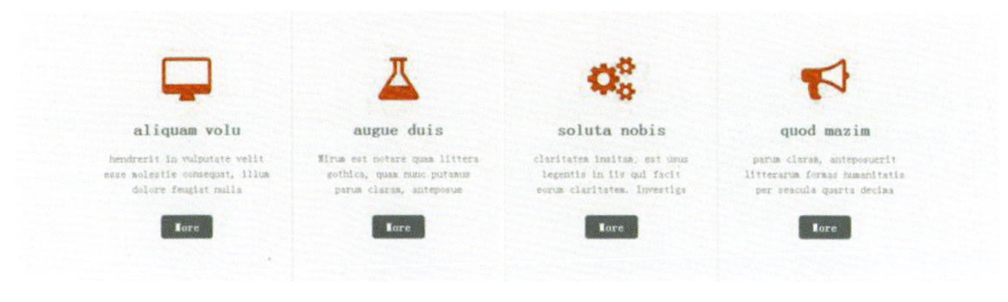

知识导读

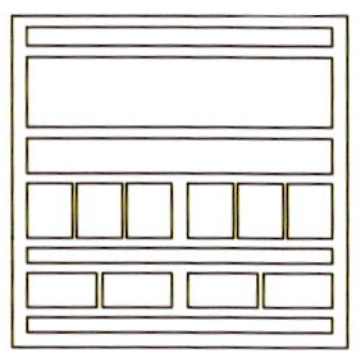

1

对称在各种设计中都是比较重要的一种理念，在设计中我们要求的对称能够在整体上带来一种稳定感。

2

完美的对称可以给版面带来一种很强的形式美，也能给版面带来很好的稳定性和平衡性。

3

版面中的对称可以分为很多种，有整版的对称、左右对称、上下对称，以及在视觉上的对称。

对称是版式设计中比较重要的一种形式美法则，在任何设计中都会用到对称这种重要的理念。对称分为几种形式，一种是绝对性的对称，一种是相对性的对称，还有一种是在视觉上的对称，在做界面版式设计的时候这几种形式都会用到。

对称的页面能够带给人们一种稳定感，尤其是绝对性的对称。另外，视觉上的对称是指不完全对称，即图形和文字在构成形式上整体给人的感觉是对称的、呼应的。

严谨

绝对性的对称版面可以给人一种很严谨的感受，形式上的完全对称，会让版面更加理性。

稳定

对称本身就是一种非常稳定的构成形式，不管是左右对称还是上下对称，都可以给版面带来稳定感。

趣味

对称具有很好的呼应性，有秩序的对称能够让版面更加有活力，充满趣味性。

1 平衡的版式案例解析

对称的页面首先带给人的是一种平衡感，这个页面采用的是水平的设计形式，同时在整体上也是左右对称的。

2 构成的版式案例解析

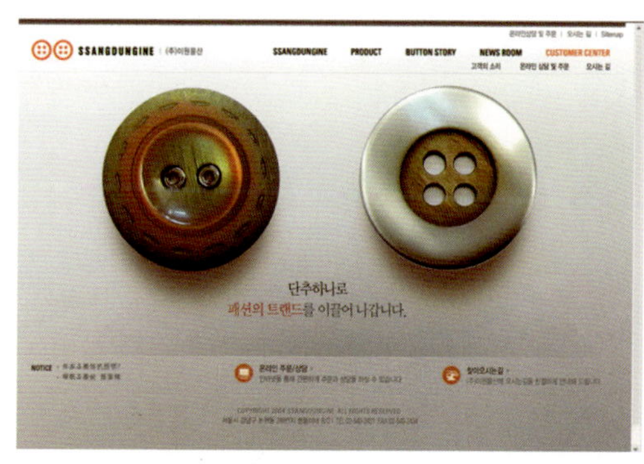

这个版面有很强的形式感，这种左右对称的内容主要是体现在中央最突出的物体中，有很强的视觉冲击效果，也是比较吸引人的。

3 细节的版式案例解析

这个版面的设计严格上来看不是完全对称的，但是从视觉上和细节上看是对称的，画面的重量感和物体形状的对称，使版面具有一个很好的视觉中心。

案例赏析

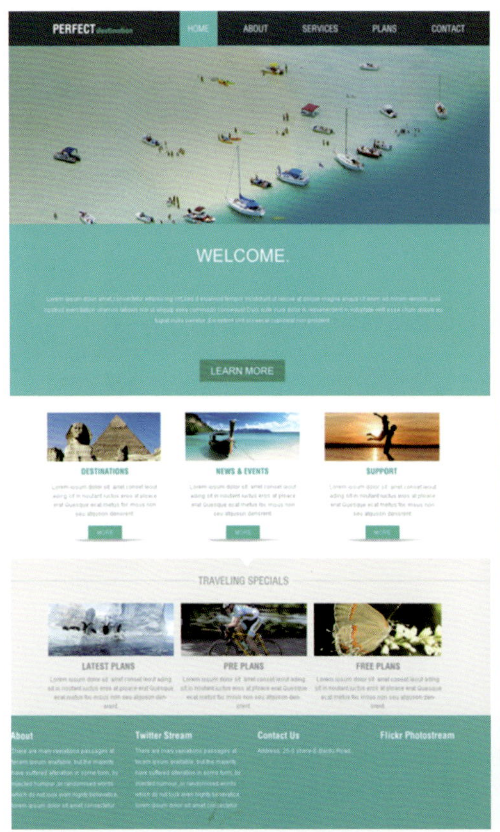
PERFECT
HOME
ABOUT
SERVICES
PLANS
CONTACT
WELCOME.
LEARN MORE
DESTINATIONS
NEWS & EVENTS
SUPPORT
TRAVELING SPECIALS
LATEST PLANS
PRE PLANS
FREE PLANS
About
Twitter Stream
Contact Us
Flickr Photostream

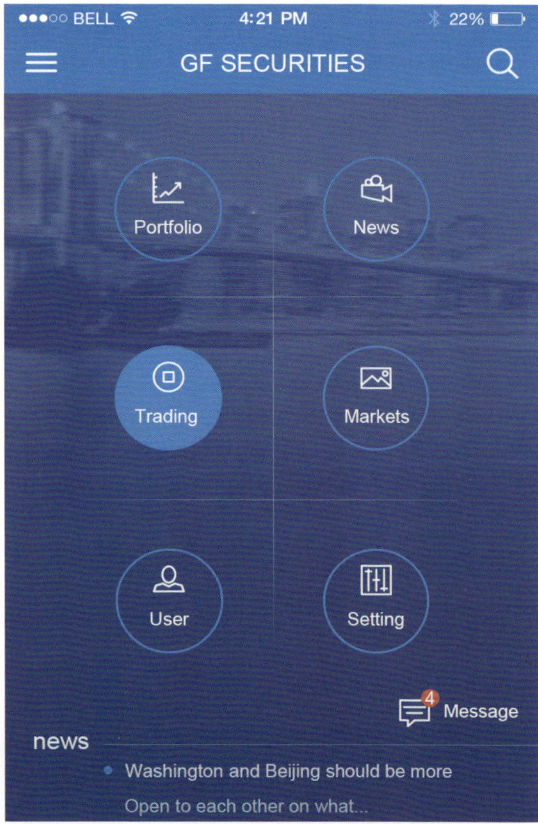
●●●○○ BELL
4:21 PM
22%
GF SECURITIES
Portfolio
News
Trading
Markets
User
Setting
4
Message
news
Washington and Beijing should be more
Open to each other on what...

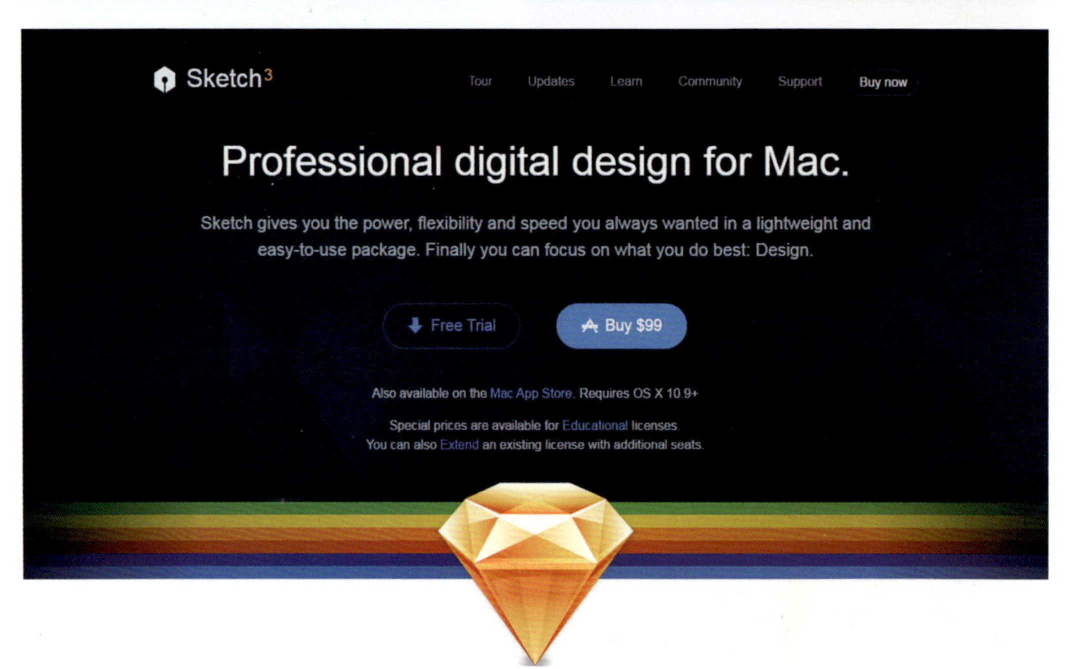
Sketch3
Tour
Updates
Learn
Community
Support
Buy now
Professional digital design for Mac.
Sketch gives you the power, flexibility and speed you always wanted in a lightweight and easy-to-use package. Finally you can focus on what you do best: Design.
Free Trial
Buy $99
Also available on the Mac App Store. Requires OS X 10.9+
Special prices are available for Educational licenses.
You can also Extend an existing license with additional seats.

案例赏析

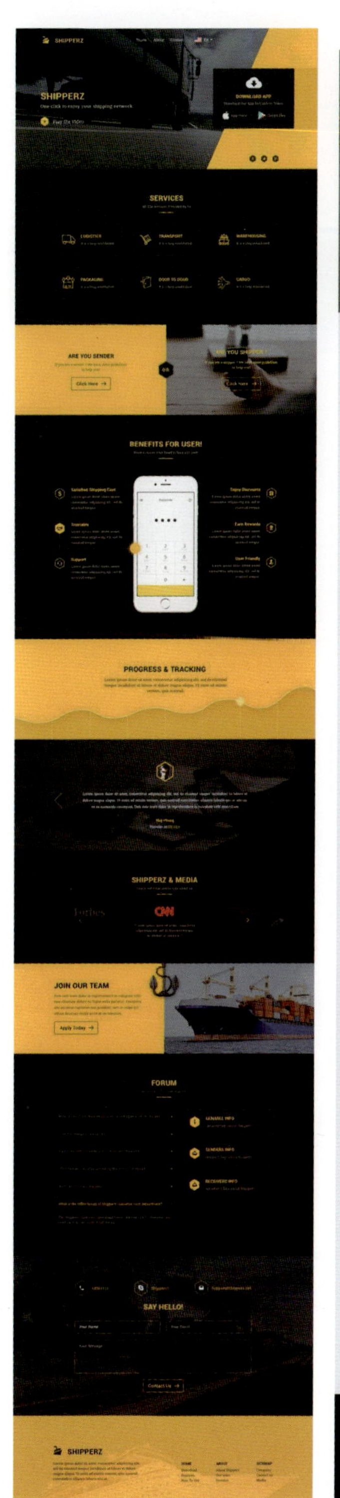

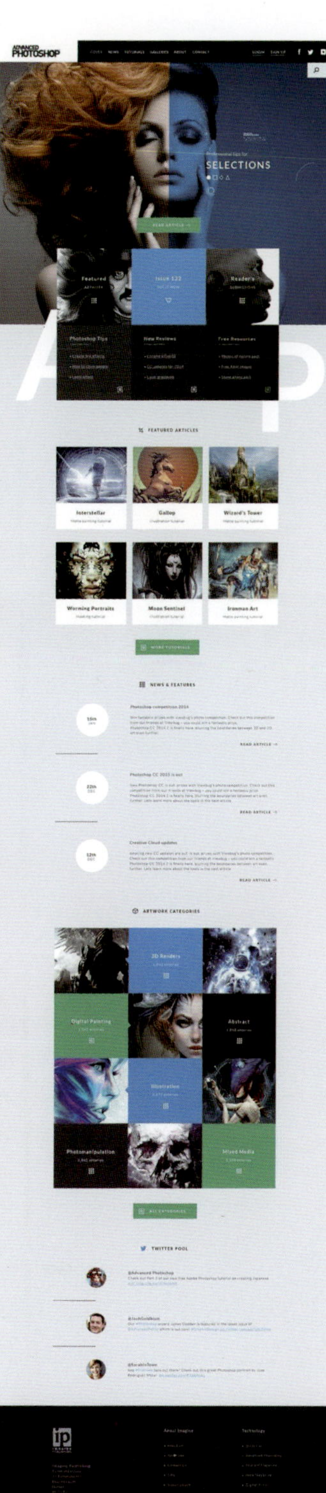

CLOSE TO YOU,
IN TOUCH WITH OUR REALITY.
SHOW ME YOUR REALITY.
Building
the Philippines

Walking
Philippines
Everyday on
the move.
Where will you
find me next?

4 中轴——用装饰性元素分割页面

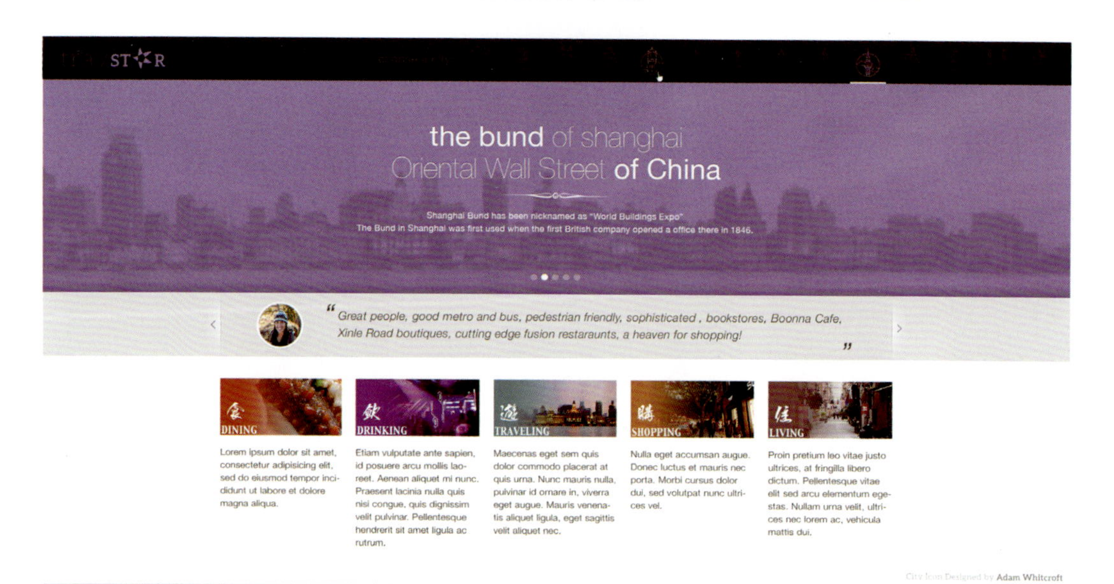

知识导读

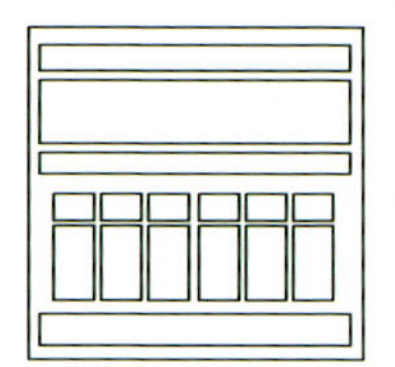

1 中轴型的版面设计跟对称型的版面设计在形式上有些接近，但是中轴比对称更加严谨一些。

2 中轴型的设计会让整个版面更加严谨，对称的感觉更强，视觉冲击力也更好。

3 在设计中轴型的版面的时候可以使用完全中轴对称，不过也可以使用不完全的中轴对称。过多的完全中轴对称会使版面失去活力。

中轴型的版面设计是在对称的基础上更加严谨一些，形式比较单一。中轴型的版面是指以纵向或者横向的线为轴线，线的左右两侧的内容在形式上是对称的。中轴型分为完全中轴对称型和不完全中轴对称型，完全中轴对称型是指轴线左右两侧的内容在形式上和结构上完全一致，相当于镜像图形；不完全中轴对称是指轴线左右的图形和文字在视觉结构上是一致的。

中轴型的版面设计让版面更加简洁、严谨，但是过多的完全中轴型设计会让版面失去活力。

对称
中轴型的版式设计本身就是对称的延续，在对称的基础上进一步加深对对称的要求。

整体
中轴型的版面看起来会比较整体，页面效果比较正式、庄重。

透视
中轴型的版式设计相当于镜像的设计，有一种很好的透视感。

1 构成的版式案例解析

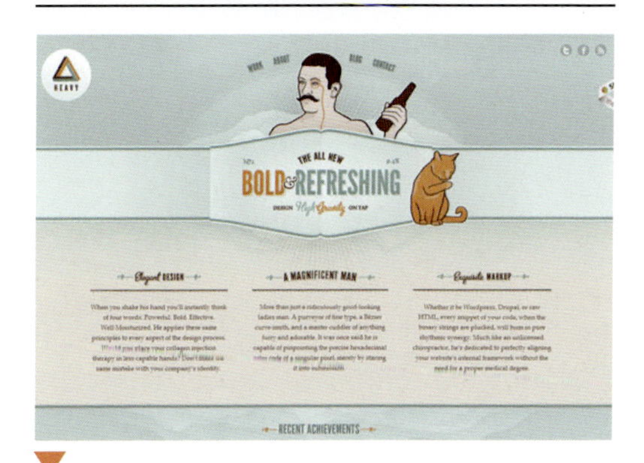

这个版面整体看起来比较清新，版面采用了中轴型设计方式，但是并不是完全的中轴型，整体版面使用线条进行分割，通过线的巧妙运用让整个版面看起来中轴对称性更强。

2 严谨的版式案例解析

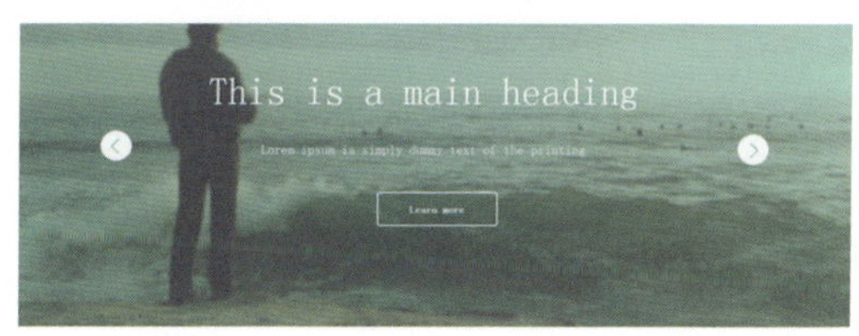

当页面的设计完全符合中轴对称时，那么这个页面从感官上是非常严谨的，页面的设计比较严肃，严格按照中轴对称的要求进行设计，整体非常正式、严谨。

3 视觉对称的版式案例解析

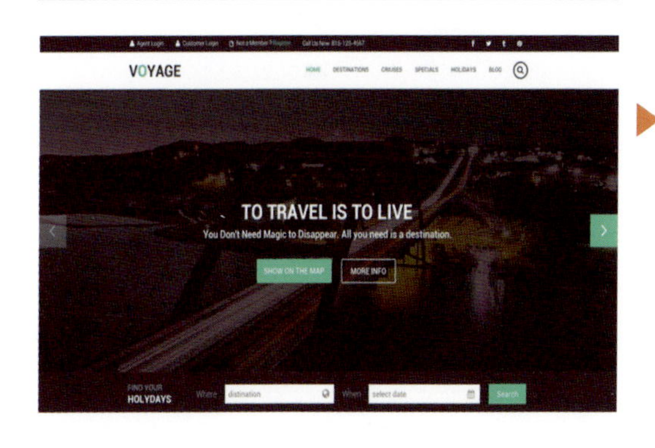

这个版面的设计从严格意义上讲还达不到中轴对称的版面形式，但是从整体视觉上看，内容又比较符合中轴对称的特点，这种视觉上的中轴对称难度较大，要考虑视觉上的平衡性。

案例赏析

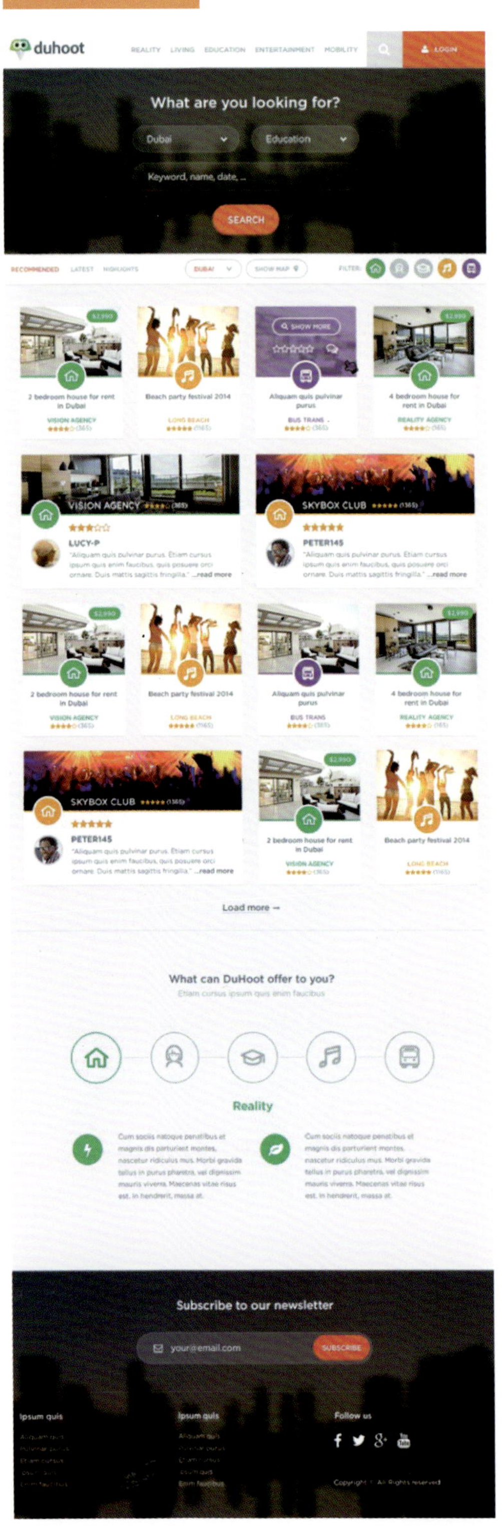
duhoot
What are you looking for?
SEARCH
Load more →
What can DuHoot offer to you?
Reality
Subscribe to our newsletter
SUBSCRIBE

Nature
Hello
WELCOME TO NATURE
THE GREEN CREATIVES GROUP
HOME. SERVICES. ABOUT. PORTFOLIO. BLOG. CONTACT.

SERVICES
Your Great Services
LAB IDEAS
GREEN THERAPY
SUPPORT TEAM
ABOUT US
We are Green Creatives
TESTIMONIALS
OUR SKILLS
ROBERT SMITH MANAGER

案例赏析

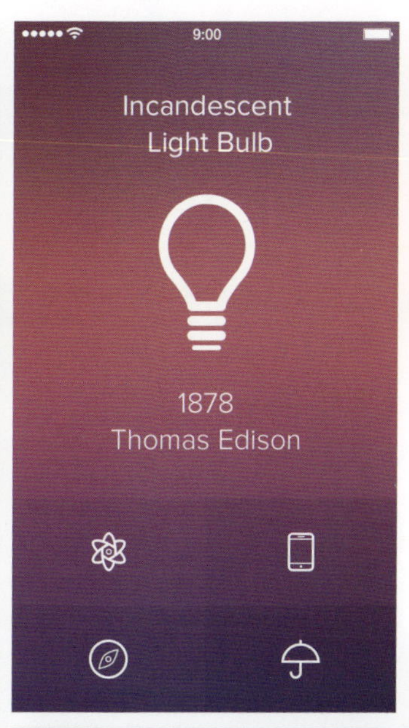

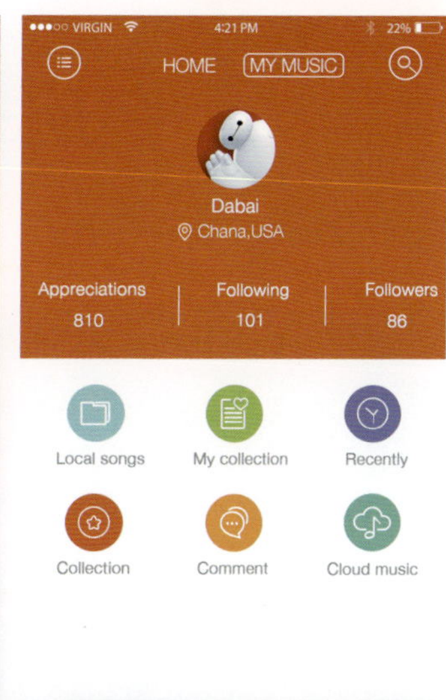

中轴型的版式设计从整体上看是比较舒服的，简洁、大方，图形和文字的排列都比较严谨、规范，给人一种比较正式的、官方的感觉。

中轴型的版面设计最好不要是完全的中轴对称，加入一些能够打破这种氛围的图形或者文字，在视觉上做到轴对称就好，这样还可以增加版面的活力。

5

重心——如何让版面更加吸引读者

知识导读

1

重心型的版式设计主要是指在版面中会有一个视觉重心，或者多个视觉中心，这个视觉冲击力最强的区域则是重点内容。

2

重心型的版式设计可以很好地划分版面，更好地去分割版面，让信息之间的界限更清楚、明快。

3

一个版面中可以有一个重心，也可以有多个，但是重心要有一定的先后顺序。

在浏览网页的时候，人们往往会被一些视觉冲击力比较强的图形或者文字吸引，那么这个内容往往就是这个版面中的重点内容。这个内容的形态跟周边的文字和图片都有一定的区别，从而形成了版面的重心。

版面的重心可以有多个，但是不可以是均等的，也就是说，即使都是重心，但是也有一个重心中的重心，重心的程度要有主次顺序，这样才能更好地引导读者浏览内容。

重点

重心型的版式设计是根据版面内容来界定的，版面中很重要的内容往往会通过重心型的版式设计来体现。

视觉

重心型的版式设计会形成一个视觉冲击力较强的版面，这样会更容易吸引读者。

形式

重心型的版式设计是在整体设计形式上的一种突破，大部分版面都比较传统，重心的出现与平面构成中的对比和特异有些相似。

1 主体重心的版式案例解析

这个版面使用的是主体物作为重心的版式设计形式，当然也结合了对称的形式，让版面很严谨，主体重心在版面的中央，左右对称，整体页面给人感觉很正式，很有信赖感。

2 图片重心的版式案例解析

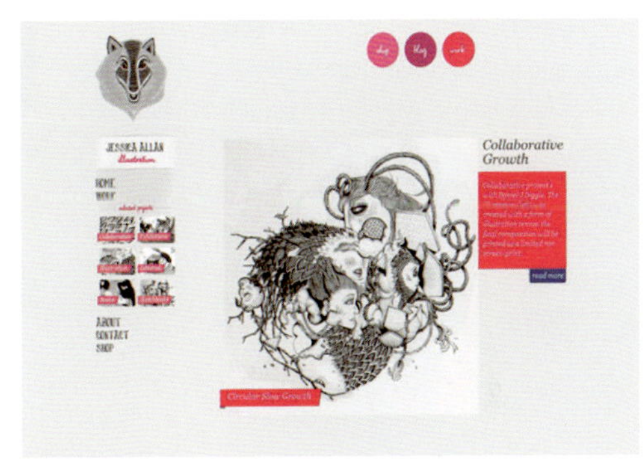

图片作为版面重心的设计形式在版式设计中常见，图案的视觉冲击力强，所以作为重心出现在版面中是很好地吸引读者的一种方式。

3 色彩重心的版式案例解析

这个版面的设计在色彩搭配上是很简洁的，大面积的橙色与米白色对比，橙色当然成为了画面的重心内容。版面采用中轴左右对称的方式，两种方式的结合让版面更加稳定、成熟。

案例赏析

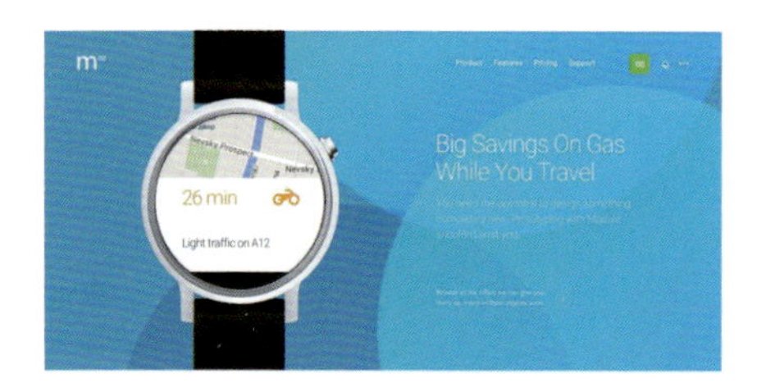
26 min
Light traffic on A12
Big Savings On Gas
While You Travel

Set your Creativity Loose

Product Cards

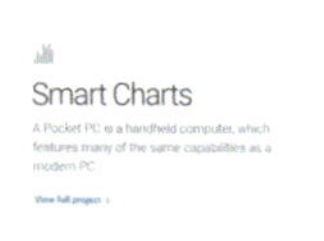
Smart Charts

Mobile App

Let's Try Something Together
Join the Community

For Designers

For Everyone

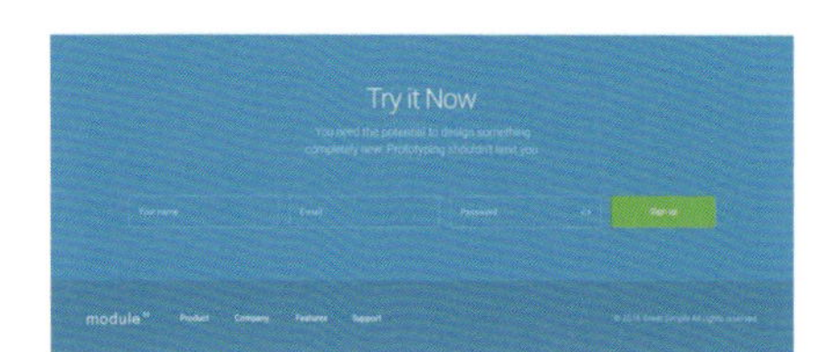
Try it Now

Most Innovative App on iOS plattform.
Mindful, by design.
Simple, looking it just with one eye.
Creativity for everyone.
This is how inspiration looks like.
Screenshot Gallery
Join Us.
Ciclope, making life better.

LE BIO SE DÉVOILE
500
LE CHEMIN DU BIO
LE BIO SE DÉVOILE

案例赏析

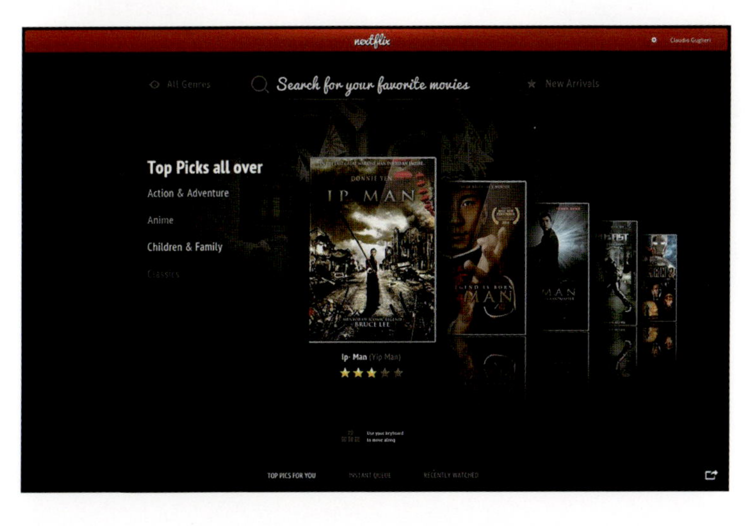

重心型的版式设计是一种比较好的设计形式，因为这种设计形式可以增强版面的视觉冲击力，能够很好地吸引读者浏览信息。

另外，重心型的版面可以增加版面的活跃性。重心型设计的出现打破了传统的严谨型的版式设计形式，整体给人感觉比较活跃，有一定的突破感。

6

指示——在繁杂的版面信息中凸显重点

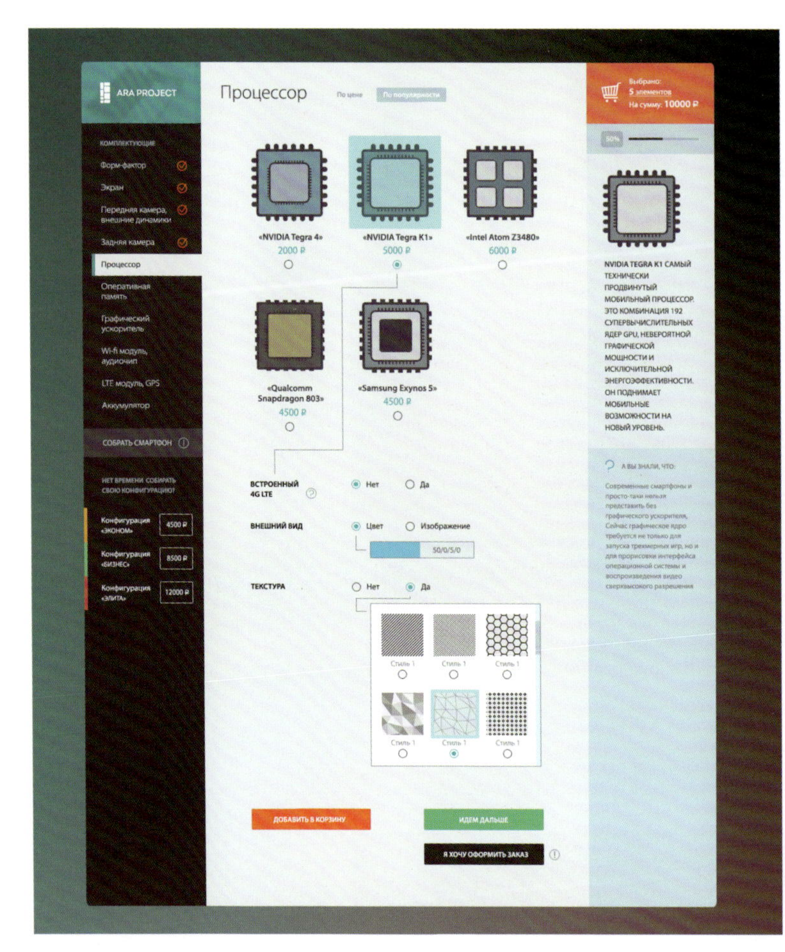

知识导读

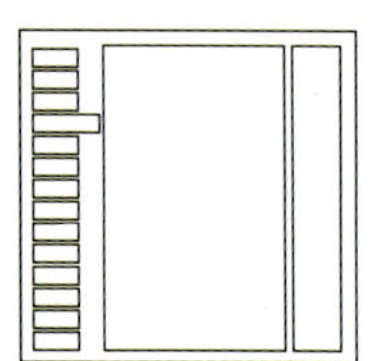

1

指示型的版式设计主要体现在细节上，线条、箭头、颜色等都可以作为指示性的版式设计元素。

2

指示型的版式设计能够让读者在第一时间找到想要的信息，引导性很强，也可以很好地凸显重点信息内容。

3

指示型版式设计的逻辑性比较强，为避免混乱，在设计版式的时候注意同一个版面不要出现太多的指示性元素。

指示型的版式设计往往会出现在信息逻辑性比较强，内容又比较多的页面中。这样的页面读者在阅读的时候容易找不到信息，所以指示性的元素是很有必要的。

指示性元素通常有箭头、连接线、标注、颜色块等，这些信息都会对读者有一定的引导性，当版面信息内容比较多的时候，使用这些指示性的元素可以很好地在复杂的信息中突出重点信息。

引导

指示型的版式设计最重要的一个作用就是利用指示性的元素引导读者浏览信息。

标注

标注是指示型版式设计中最常用的一种形式，这种形式也是最简单的突出重点内容的一种方式。

重点

指示型的版式设计最终目的就是突出版面中的重点内容，所以在设计的时候一定首先考虑重点信息如何及以什么形式进行表现。

1 诱导性的版式案例解析

这个版面信息比较多，图形也比较多，图形的视觉冲击力也很强，这时候就需要多个标注性的内容引导读者。这里设计了各种标注在图片上的信息引导读者进行阅读。

2 凸显重点的版式案例解析

色块的使用在版式设计中有凸显重点内容的作用。这个页面的设计将色块与图片相结合，很好地凸显了页面中的主要信息。

3 逻辑性的版式案例解析

强烈的逻辑性的设计形式也是指示型版式设计的一种方式。这种形式能够更快、更准确地引导读者浏览相关的信息。这个 APP 界面的设计就是根据这种逻辑信息条的形式进行设计的。

案例赏析

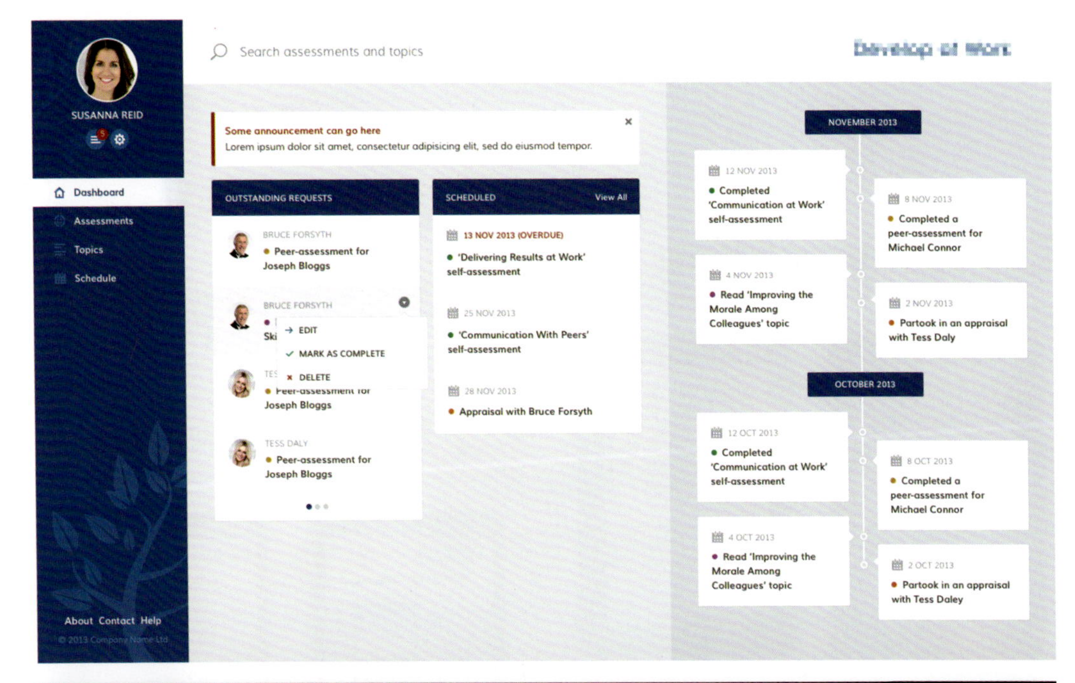

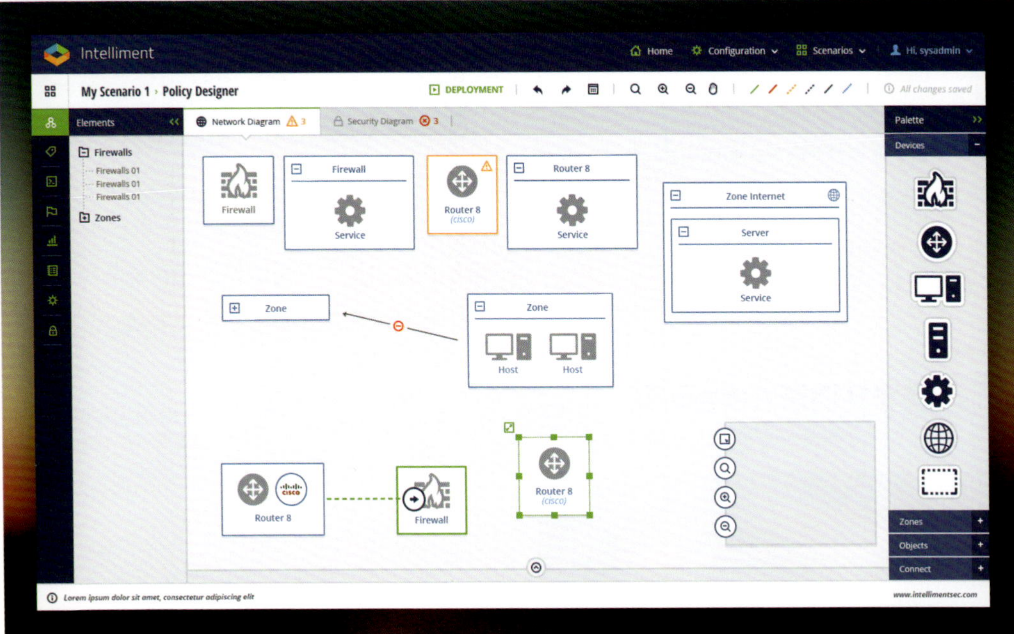

当版面信息内容比较多而且又比较复杂的时候，最好使用这种指示型的版面设计方式，它可以很好地对版面信息进行归纳整理，能够很好地把信息准确地传达给读者。

案例赏析

02 移动版式设计的类型

03

版式设计

移动版式设计的编排

1 大小——做出冷静而稳重的页面

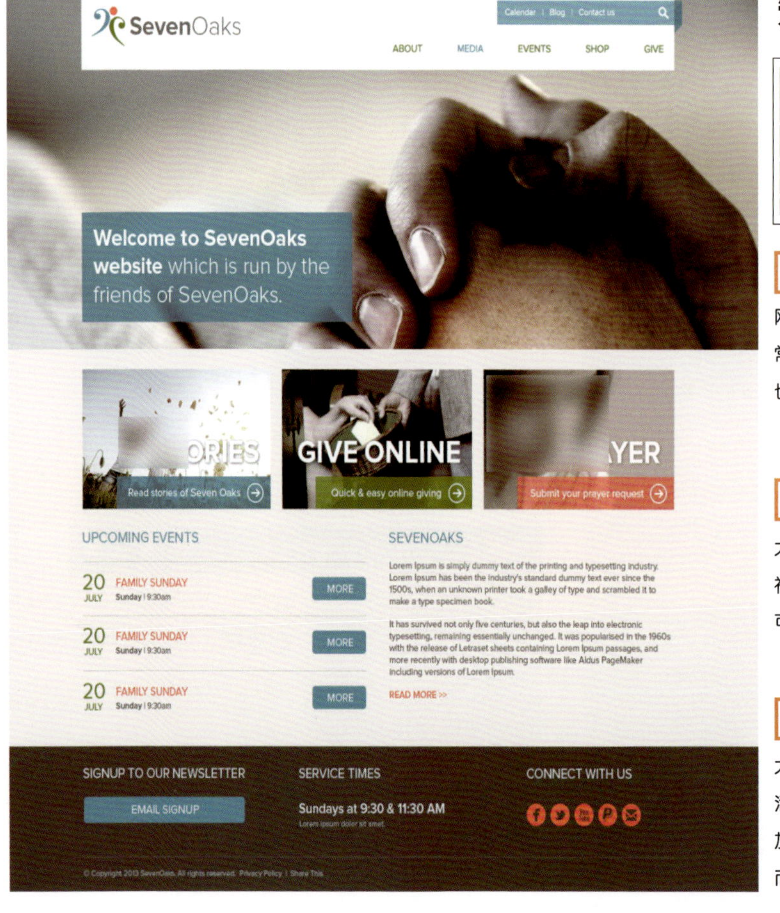

知识导读

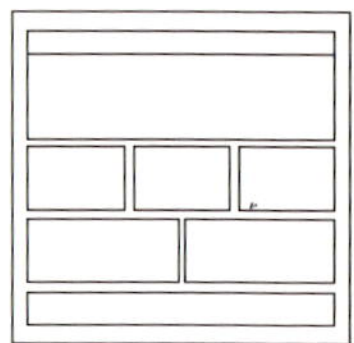

1

网页设计中大小对比的应用也是常用的，不仅有图片的大小对比，也有文字块的大小对比等。

2

大小的对比不仅可以提升版面的视觉冲击力，通过有序的排列也可以让版面看起来比较稳重。

3

大小对比的版式设计可以让版面活跃起来，也可以让版面看着更加冷静和稳重，可根据网页内容而定。

在移动网页设计中，大小对比的版式设计形式也是常用的。这个大小对比包括图形的大小、文字的大小、文字块的大小、色块的大小等，不规则的大小对比可以让整个画面更加活跃，具有一定的生气，规则的大小对比通过有序的排列可以让版面看起来更加冷静和稳重。

在设计版面的时候，一定要注意根据网页的内容来设计版面的形式，色彩的运用也要根据设计的风格来选择，如果设计冷静而稳重的版面，就尽量避免搭配比较跳跃的色彩；如果设计活跃的版面，不仅在版式上可以大胆一点，同时在色彩搭配上也可以更加跳跃。

稳重

在大小比例有序排列的版面中，整体会给人带来很冷静、稳重的感觉，这样的页面设计通常具有一定的科技感。

有序

页面中可以通过比较有规律的大小对比来排列，这样画面会更加有秩序，使人阅读起来更加轻松。

比例

元素的大小对比在整个画面中有一定的比例规律，有序的比例能够让画面更加稳重，而自由的比例能够让画面更加活跃。

1 有主次的版式案例解析

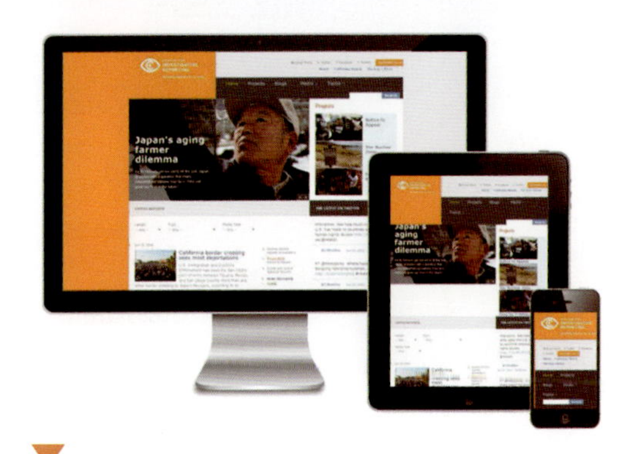

这个网页的设计通过不同的用户端来体现出来，整体版面视觉冲击力比较强，在页面中图片及色彩面积的大小对比让整个画面体现出一种很强的主次关系，这样读者在浏览网页的时候就会有意识地按照主次顺序来阅读。

2 有节奏的版式案例解析

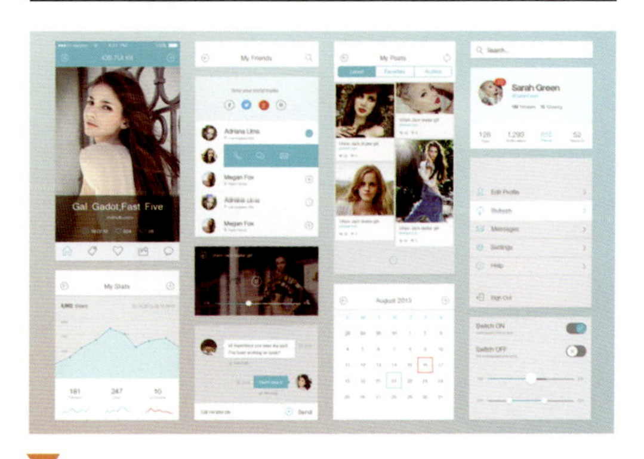

这种版面是以手机用户端为标准来设计的，页面中图片大小对比及色彩面积大小对比很强烈，多种对比给画面带来了一种很好的节奏感。

3 冷静的版式案例解析

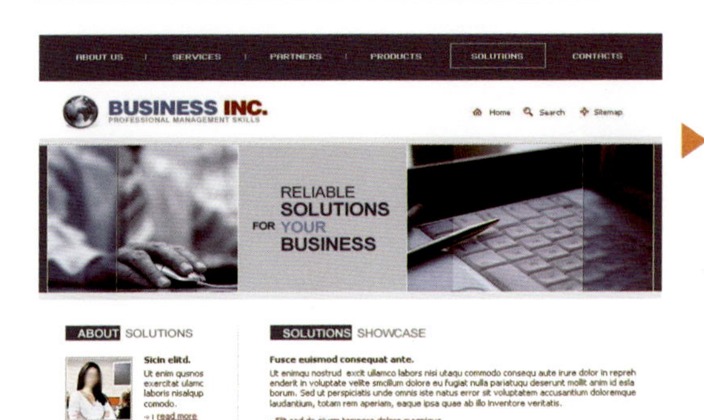

图片的大小对比在有序排列的情况下可以让页面看起来非常稳重、大方，给人一种信任感和稳重感。这个页面的整体排列非常紧凑，色彩的选择也非常适合这个页面的内容，整体上给人比较稳重、大气的感觉。

案例赏析

Fast, Professional and
Affordable editing
and proofreading
What
We
Do
We edit papers
We proofread papers
About
Get instant quote
Why Us?
Quality
Best result
Professionalism
Experience
TESTIMONIALS
Samples
Before
After
Get instant quote

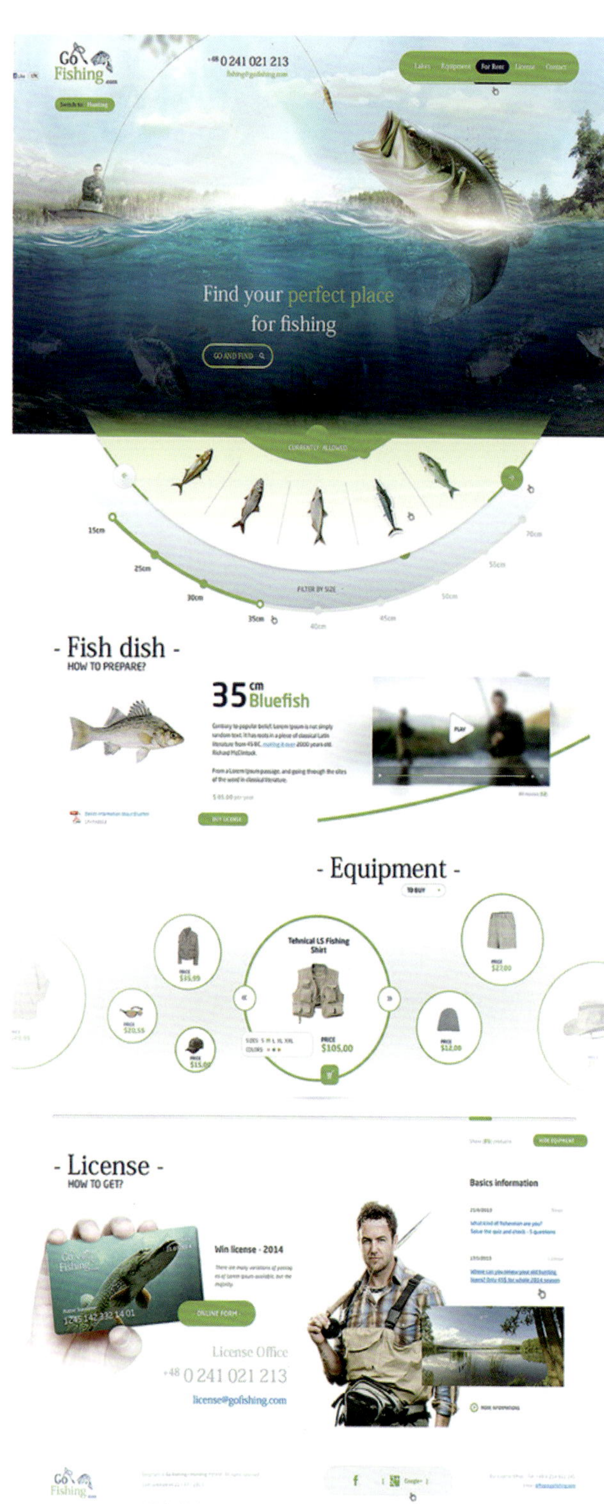

Go Fishing
+48 0 241 021 213
Find your perfect place
for fishing
GO AND FIND
15cm
25cm
30cm
35cm
- Fish dish -
HOW TO PREPARE?
35 cm Bluefish
- Equipment -
Tehnical LS Fishing Shirt
PRICE $105,00
- License -
HOW TO GET?
Win license - 2014
ONLINE FORM
License Office
+48 0 241 021 213
license@gofishing.com
Basics information

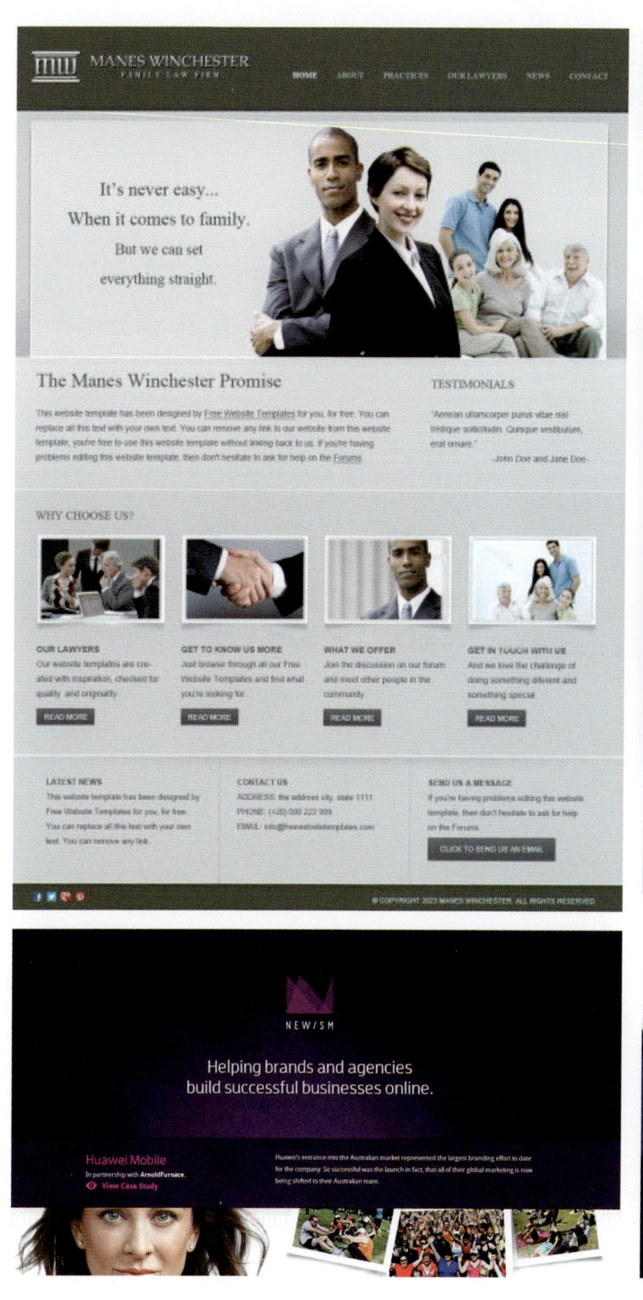

在设计网页中的大小对比时，首先一定要注意网页设计的整体风格是什么样的，大小对比的形式在任何版面设计形式中都可以使用，只是大小对比的设计样式要很好地融入到整体的设计风格中，不要影响整体的设计风格。

2 黄金分割——营造出有条不紊的氛围

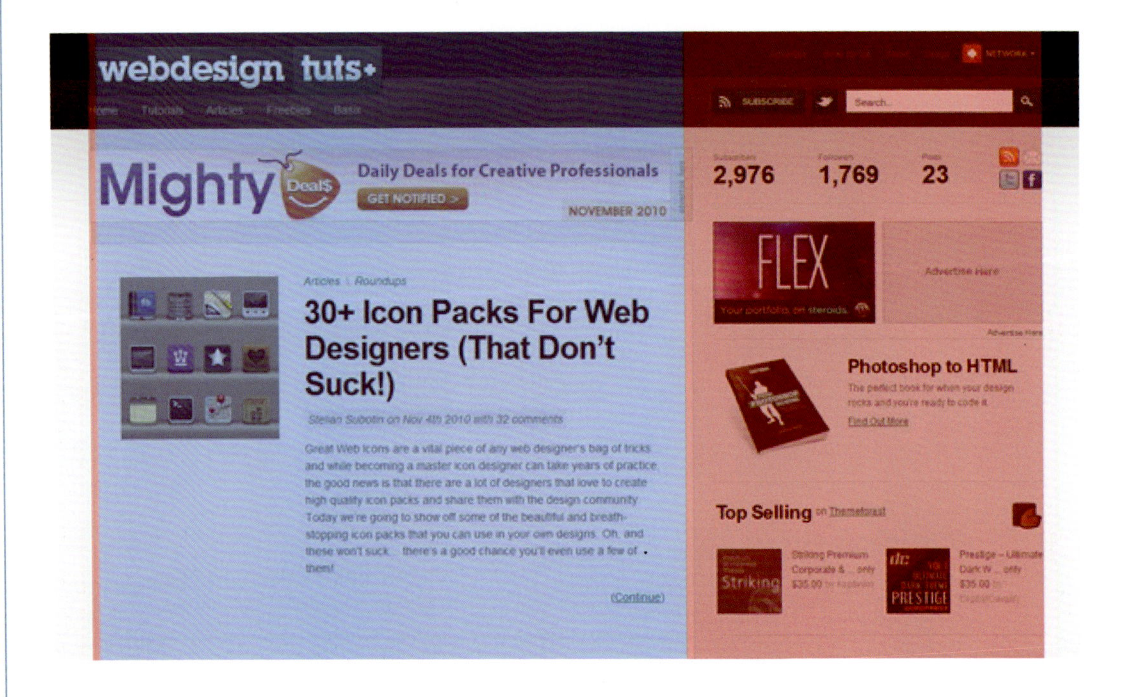

知识导读

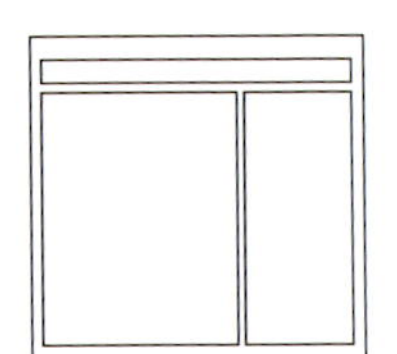

1 黄金分割在版面中的应用是比较讲究的，版式设计中的黄金分割能够让版面结构更加舒服，使读者在浏览信息的时候有一种愉悦感。

2 黄金分割具有严格的比例性、艺术性、和谐性，具有很强的美学价值。

3 在进行版式设计的时候，先把整体的版面进行黄金分割，然后在每个区域按照一定的版式设计形式排列内容，可以营造出一种有条不紊的秩序感。

黄金分割（Golden Section）是一种数学上的比例关系。黄金分割具有严格的比例性、艺术性、和谐性，蕴藏着丰富的美学价值，同时也被认为是建筑和艺术中最理想的比例。

在版式设计中，黄金分割的应用主要是对整体版面的分割，然后在分割好的版面下按照一定的版式设计形式，对相关的内容进行排列，整体设计会营造出一种有条不紊的气氛，画面严谨，又不失美感。

和谐

黄金分割的版式设计在整体上看页面的内容是非常和谐的，图片与文字的位置排列让人觉得很舒服。

综合

黄金分割只是对页面整体的分割排列，具体的内容还得综合其他的版式设计形式，综合使用各种形式才会让版面更加丰富。

构成

黄金分割是指将整体一分为二，较大部分与整体的比值等于较小部分与较大部分的比值——约为0.618，这一比例的构成比较严谨。

1 黄金分割的版式案例解析

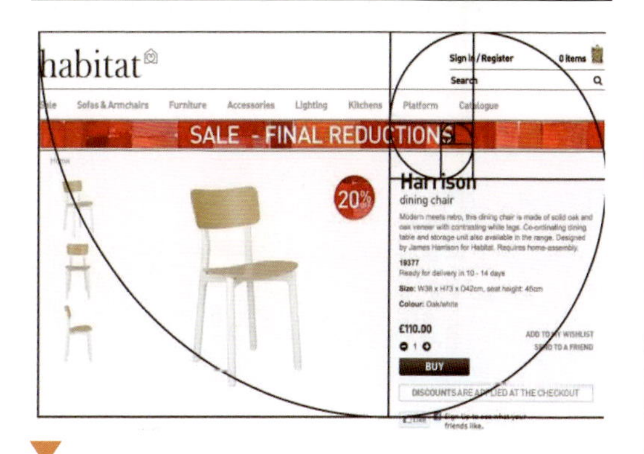

这个版面看起来很简单，但是通过辅助线标识出来以后就明白了黄金分割的严谨性，通过这样的一个辅助线，就很容易明白黄金分割在版面中的作用是什么样的。

2 优雅的版式案例解析

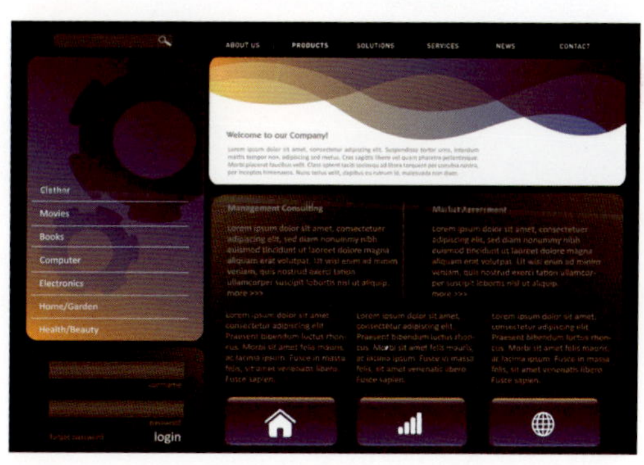

在黄金分割的基础上把整体的版面排列好，其他的内容按照基本的骨骼结构进行排列，版面整体大方、稳重，加上色彩的搭配，给人一种优雅的感受。

3 严谨的版式案例解析

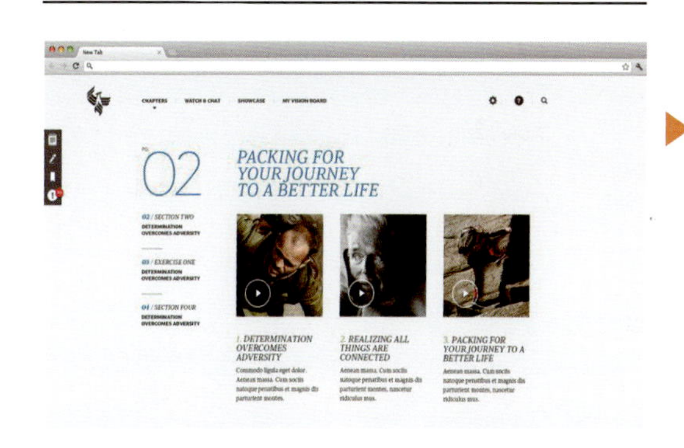

这个版面的设计整体看上去空白比较多，让人感觉比较舒服。在黄金分割的基础上进行了严谨的垂直型的版面排列，内容很紧凑，加上文字和图片的紧密排列，整体感觉比较严谨。

案例赏析

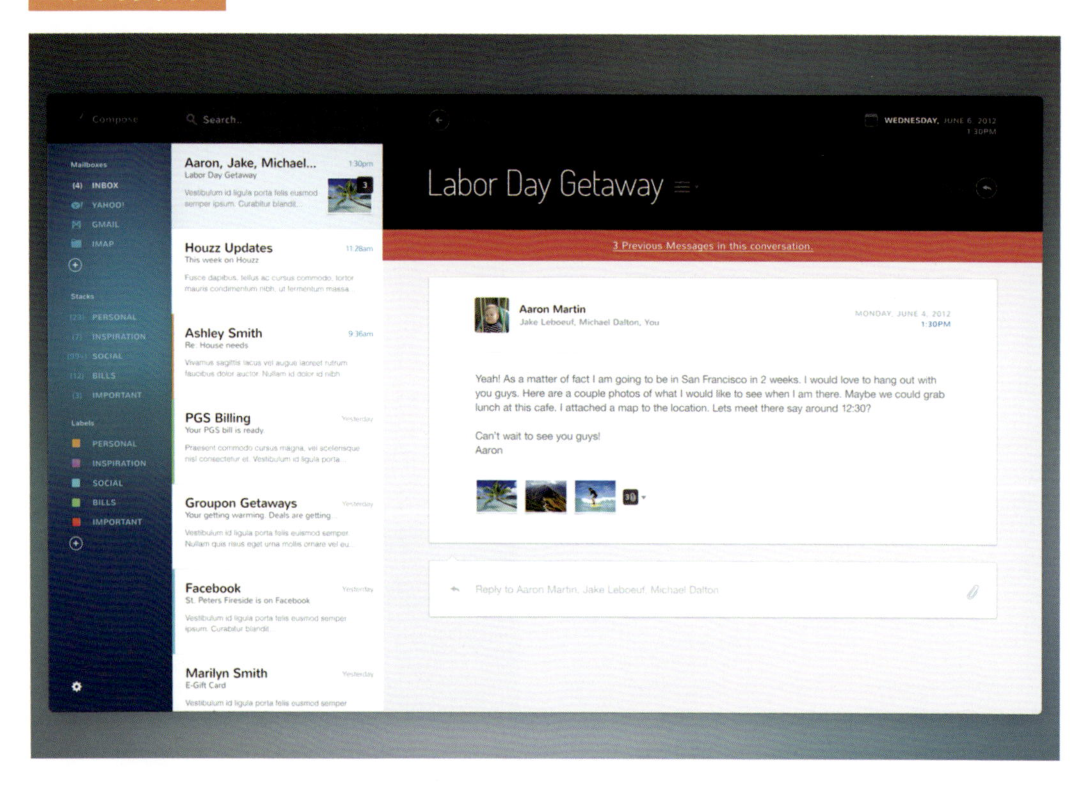
Compose
Search..
WEDNESDAY, JUNE 6, 2012
1:30PM
Mailboxes
(4) INBOX
YAHOO!
GMAIL
IMAP
Stacks
PERSONAL
INSPIRATION
SOCIAL
BILLS
IMPORTANT
Labels
PERSONAL
INSPIRATION
SOCIAL
BILLS
IMPORTANT
Aaron, Jake, Michael...
1:30pm
Labor Day Getaway
Houzz Updates
This week on Houzz
Ashley Smith
Re: House needs
PGS Billing
Your PGS bill is ready
Groupon Getaways
Your getting warming. Deals are getting
Facebook
St. Peters Fireside is on Facebook
Marilyn Smith
E-Gift Card
Labor Day Getaway
3 Previous Messages in this conversation.
Aaron Martin
Jake Leboeuf, Michael Dalton, You
MONDAY, JUNE 4, 2012
1:30PM
Yeah! As a matter of fact I am going to be in San Francisco in 2 weeks. I would love to hang out with you guys. Here are a couple photos of what I would like to see when I am there. Maybe we could grab lunch at this cafe. I attached a map to the location. Lets meet there say around 12:30?
Can't wait to see you guys!
Aaron
Reply to Aaron Martin, Jake Leboeuf, Michael Dalton

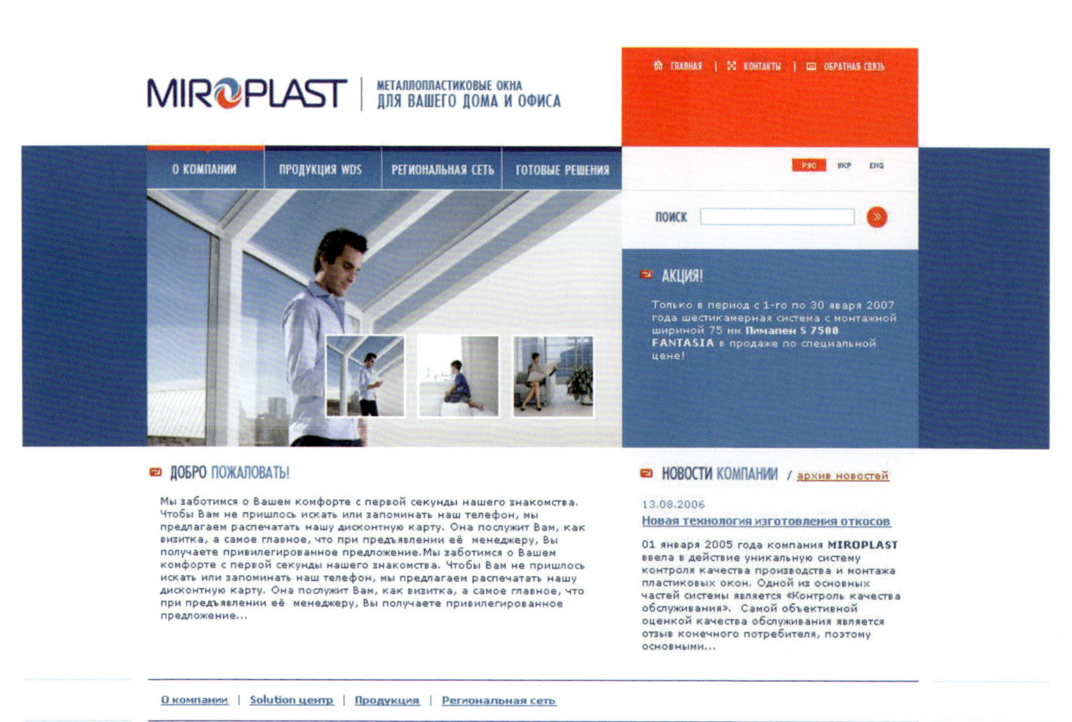
MIROPLAST
МЕТАЛЛОПЛАСТИКОВЫЕ ОКНА
ДЛЯ ВАШЕГО ДОМА И ОФИСА
ГЛАВНАЯ | КОНТАКТЫ | ОБРАТНАЯ СВЯЗЬ
О КОМПАНИИ
ПРОДУКЦИЯ WDS
РЕГИОНАЛЬНАЯ СЕТЬ
ГОТОВЫЕ РЕШЕНИЯ
РУС УКР ENG
ПОИСК
АКЦИЯ!
Только в период с 1-го по 30 января 2007 года шестикамерная система с монтажной шириной 75 мм Пимапен S 7500 FANTASIA в продаже по специальной цене!
ДОБРО ПОЖАЛОВАТЬ!
Мы заботимся о Вашем комфорте с первой секунды нашего знакомства. Чтобы Вам не пришлось искать или запоминать наш телефон, мы предлагаем распечатать нашу дисконтную карту. Она послужит Вам, как визитка, а самое главное, что при предъявлении её менеджеру, Вы получаете привилегированное предложение.Мы заботимся о Вашем комфорте с первой секунды нашего знакомства. Чтобы Вам не пришлось искать или запоминать наш телефон, мы предлагаем распечатать нашу дисконтную карту. Она послужит Вам, как визитка, а самое главное, что при предъявлении её менеджеру, Вы получаете привилегированное предложение...
НОВОСТИ КОМПАНИИ / архив новостей
13.08.2006
Новая технология изготовления откосов
01 января 2005 года компания MIROPLAST ввела в действие уникальную систему контроля качества производства и монтажа пластиковых окон. Одной из основных частей системы является «Контроль качества обслуживания». Самой объективной оценкой качества обслуживания является отзыв конечного потребителя, поэтому основными...
О компании | Solution центр | Продукция | Региональная сеть

ABOUT
LOCATION
PRIZES
BLOED ORANJE
ART CHALLENGE
LOUIS REITH
VOTE
INFO
366
WIN
BACK
1X RAFAEL VAN HOLLAND
1X WESLEY VAN HOLLAND
1X KLAASJAN VAN HOLLAND
3X2 HOLLAND VS. GHANA
OVER DE BLOED ORANJE GALLERY

LEMUEL FOREMAN
GET IN TOUCH
ABOUT
PORTFOLIO
JOIN THOUSANDS OF AWESOME PEOPLE.
THERE'S ONLY ONE THING TO DO. SUBSCRIBE!
BLOG
20/08
THIS IS A BLOG TITLE
18/08
THIS IS A BLOG TITLE

3 对比——用直观感受传达内容

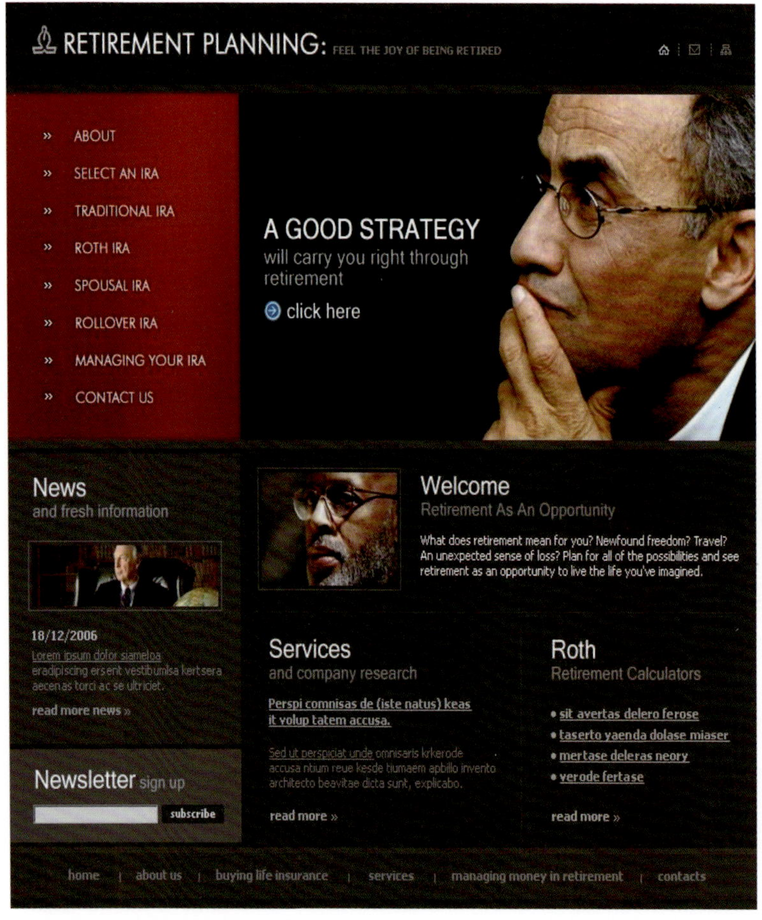

知识导读

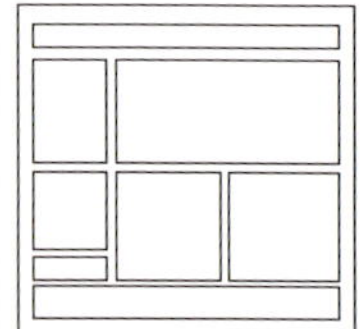

1

网页设计中的对比包括图片大小的对比、文字大小的对比、色彩的对比等。

2

有对比才会有变化，在网页设计中对比的使用是比较频繁的，对比可以使网页内容更加直观。

3

对比的设计形式在众多的版式设计中是比较常用的，多种元素的对比能够增加版面的丰富性。

对比是把具有明显差异、矛盾或对立的双方安排在一起，进行对照比较的表现手法。在版式设计中，对比主要是版面中文字大小和粗细的对比、图片大小的对比及色彩明暗冷暖的对比，有对比才会有变化，版面信息才会有区别，这样读者在阅读的时候才会体验到阅读的乐趣。对比的方式越多，页面显得越丰富。但是对比要有一个度，不能过分，否则会产生生硬、杂乱的感觉。

动静

没有对比的版式设计就像没有波浪的海平面，非常安静，而且版面给人的感觉是非常严肃的。

突破

强烈的对比可以提升版面的视觉冲击力，一旦版面中出现了对比强烈的元素，就会打破原来版式的拘谨。

活力

有对比就有变化，有变化就有动感、有活力，所以在设计版面的时候根据内容需要适当地做对比。

文字对比的版式案例解析

这个网页的版面中强烈的对比带给读者很强的视觉冲击。灰色的背景能够很好地衬托文字和图片；粗黑体的放大文字与其他的文字形成了强烈的对比，在视觉上形成了很好的冲击力，同时作为主题内容，这种设计方式是非常好的。

2 图片对比的版式案例解析

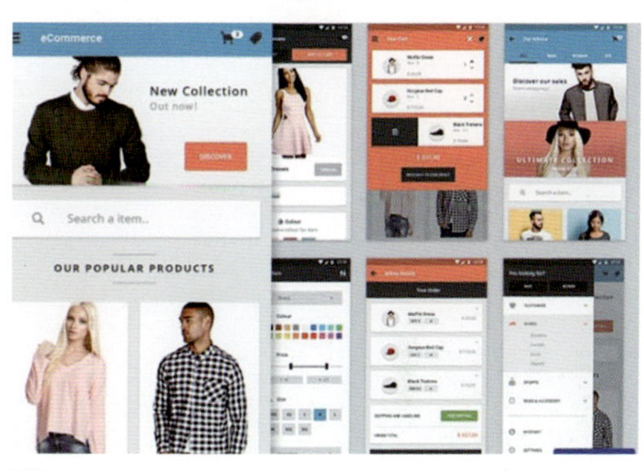

在版式设计中，图片的对比主要体现在图片的大小及图片的边缘和背景。图片边缘与背景的对比越强，视觉冲击力越好。图片的对比能够增加版面的活跃性，因为图片本身的视觉性是比较好的，所以在设计的时候可以多考虑图片的对比运用。

色彩对比的版式案例解析

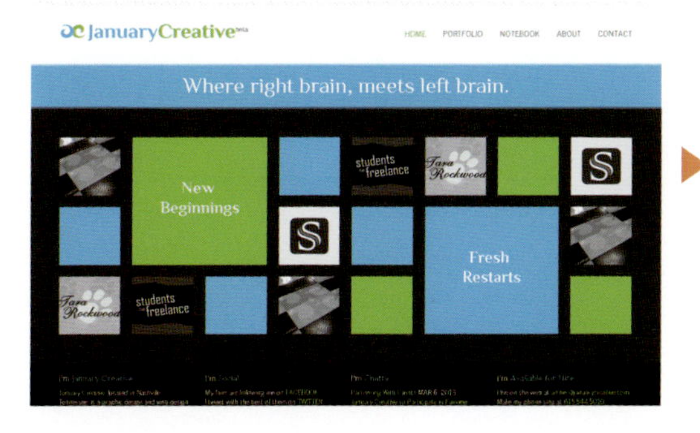

在版式设计中，色彩的运用也是非常重要的，色彩的对比形式有很多种，如色相的对比、明度的对比、纯度的对比、冷暖的对比等都可以形成很好的视觉冲击力。

案例赏析

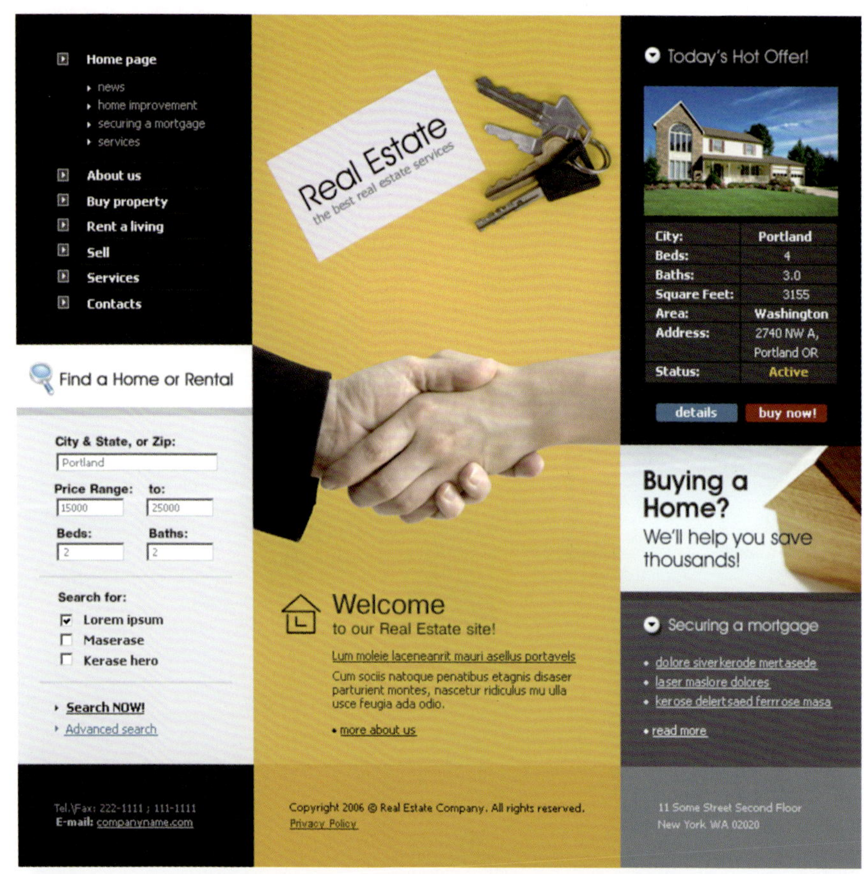
Home page
news
home improvement
securing a mortgage
services
About us
Buy property
Rent a living
Sell
Services
Contacts
Real Estate
the best real estate services
Today's Hot Offer!
City: Portland
Beds: 4
Baths: 3.0
Square Feet: 3155
Area: Washington
Address: 2740 NW A, Portland OR
Status: Active
details
buy now!
Find a Home or Rental
City & State, or Zip:
Price Range: to:
Beds: Baths:
Search for:
Lorem ipsum
Maserase
Kerase hero
Search NOW!
Advanced search
Buying a Home?
We'll help you save thousands!
Welcome
to our Real Estate site!
Lum moleie laceneanrit mauri asellus portavels
Cum sociis natoque penatibus etagnis disaser parturient montes, nascetur ridiculus mu ulla usce feugia ada odio.
more about us
Securing a mortgage
dolore siverkerode mert asede
laser maslore dolores
kerose delertsaed ferrrose masa
read more
Tel.\Fax: 222-1111 ; 111-1111
E-mail: companyname.com
Copyright 2006 © Real Estate Company. All rights reserved.
Privacy Policy
11 Some Street Second Floor
New York WA 02020

INPLUS creative design
HOME LOG IN SITE MAP CONTACT US
COMPANY SERVICE PRODUCT SHOW ROOM CUSTOMER RECRUIT
CEO GREETING HISTORY STATUS ORGANIZATION COOPERATION LOCATION
NOTICE
MORE
Ordinary opened types are packed according to ...
Divided into pine and veneer board according to ...
Skid packing is similar to loading products on a palette...
Ordinary opened types are packed according to...
News Ordinary opened types are packed .....
THE ENTERPRISE which it does
with the customer
together with always constant mind
HOT CONTENTS
1
GLOBAL INPLUS
Ordinary closed types are divided into panel closed types and veneer closed....
2. History Show
3. Investment
4.E-Brochure
PRODUCT INTRODUCTION
CLOSED WOODEN BOX
DIVIDED INTO PINE AND VENEER BOARD ACCORDING TO SUBSTANCE, AND THOSE CONTAINS THAT NEEDS PROTECTION FROM

案例赏析

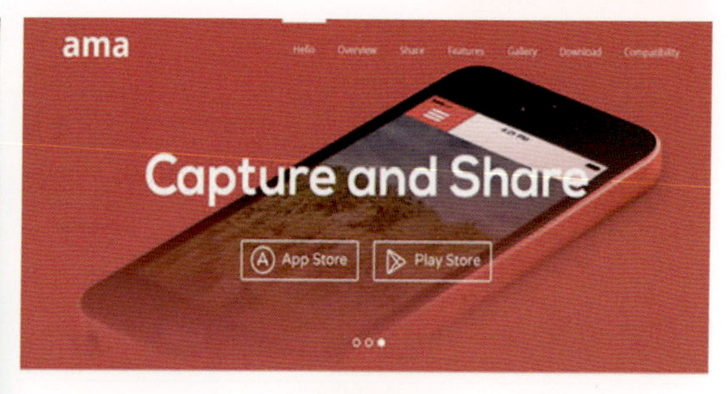

Why ama?

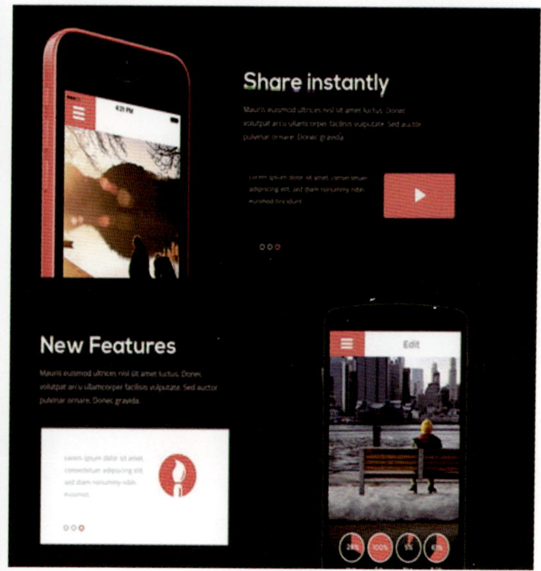

在网页设计中，对比是必不可少的，但是注意使用对比一定要有度，过多的对比会让整个版面非常混乱，没有秩序感。

适当的对比可以为版面增加活力，给读者带来愉悦感。

4
突破——呈现出层次分明的内容

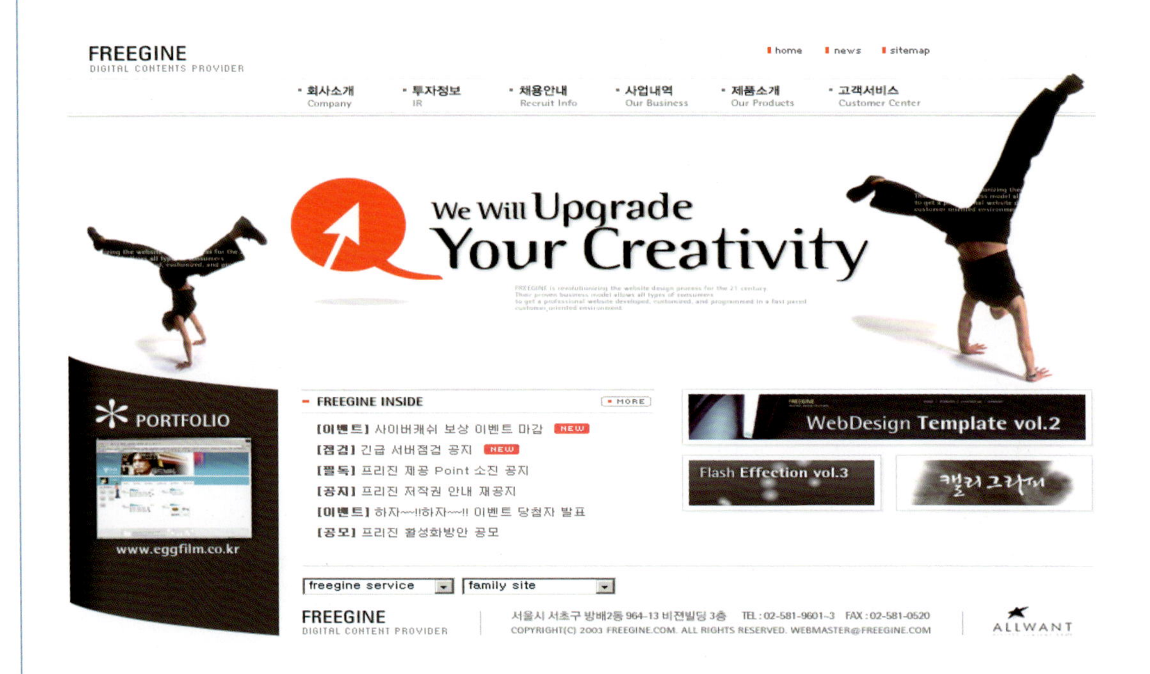

知识导读

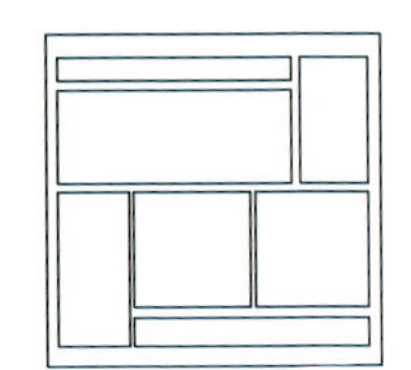

1

突破在网页的版式设计中也是常用的一种方式，尤其是现在电商发展迅速。突破主要是利用图形或者文字打破原来严谨的版式，在视觉上有很大的冲击力。

2

突破的使用可以增强版面的视觉冲击力。这种形式经常会出现在比较拘谨的版式中，或者骨骼结构特别强的版式中。

3

突破虽然可以增强版面的视觉冲击力，增加版面的活力，但是过多的突破元素容易造成版面的混乱，所以要把握好度。

从突破常规意义上来讲，版式设计的其实就是平面构成里面的特异，在特异的基础上进行图形的夸张。简单地说，就是以一个不规则的图形打破拘谨的版式设计。

突破在版式设计中是常用的，因为这种设计方式可以提升版面的跳跃率，也可以提升版面的活跃率，这样便可以吸引读者。

特异

突破与特异是很相似的，只是在版式设计中突破更为夸张一些，通过这种夸张的、特异的形式，突破原来拘谨的版式设计。

旋转

图形或者文字的旋转可以产生很好的突破效果，形式的变化可以让整个版面更加活跃。

对比

在突破的版式设计中，图形、色彩、文字大小的对比等都可以形成很好的突破的效果，因为有对比才会有好的运动感和跳跃感。

1 文字突破的版式案例解析

文字的突破在版式设计中是经常用到的，在这个网页设计中，文字的使用比较活泼，没有太拘谨的网格结构，相对比较自由，所以这样的突破能够让版面看起来更加轻松一些。

2 图形突破的版式案例解析

这个移动网页的设计比较严谨，整体版式设计网格拘束率比较高，但是在这样一个比较拘谨的设计中，几个黑白的图片打破了版面的那种严肃感，画面相对比较轻松。

3 色彩突破的版式案例解析

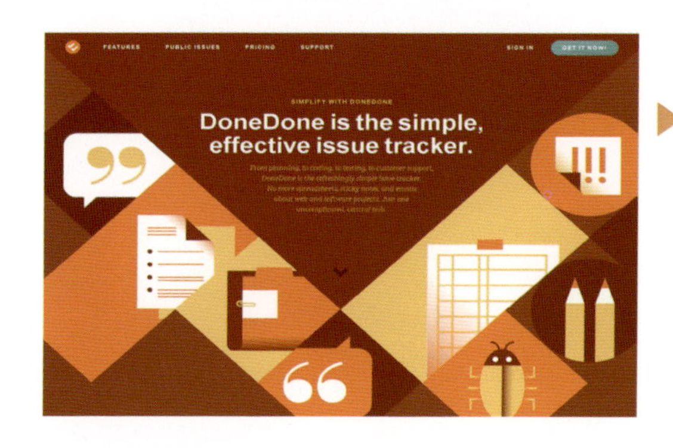

色彩的突破可以让整个版面视觉冲击力加强，色彩的突破一般会选择搭配对比比较强的色彩，这样色彩在版面中的影响就会比较大，突破性也比较大，版面也会更加吸引人。

案例赏析

STORY BROOK
ABOUT StoryBrook
CURRICULUM
BOOKS
CAMPUS
FRANCHISE
NOTICE
AR QUIZ
e-LIBRARY
Dive into Books, make a Splash!
ABOUT Storybrook
BOOKS
LITERATURE GUIDANCE COACHING
Read Books
Do worksheets
Do Reading Activities
Make Reader's Own Portfolios
CAMPUS
NOTICE
FRANCHISE
컴퓨터존
YBM Sisa.com

Lynn
재개발/재건축
사업소개
수주현황
Sale Information

案例赏析

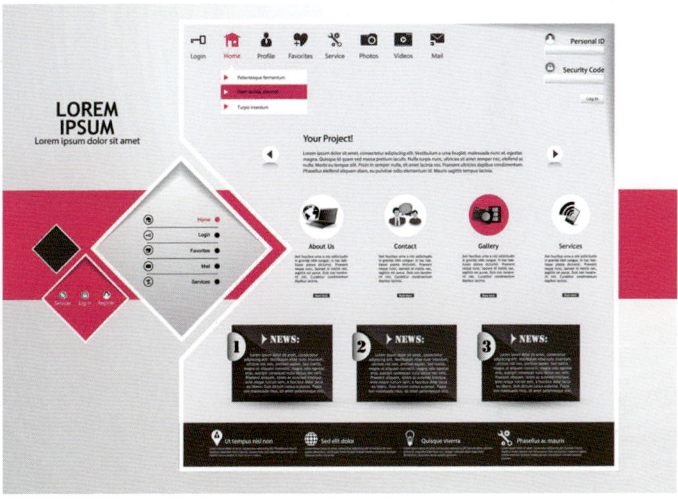

网页设计中的突破设计是一种很好的提升视觉冲击力的方式，但是突破设计是相对的，原来的基础版面必须是严格的骨骼结构的版面，或者是整体设计比较严谨、规整的版面。

在同一个版面中，不能过多地使用突破，因为用多了会影响阅读顺序，整体也就没有办法形成突破的版式结构了。

04

版式设计

移动版式设计的文字编排

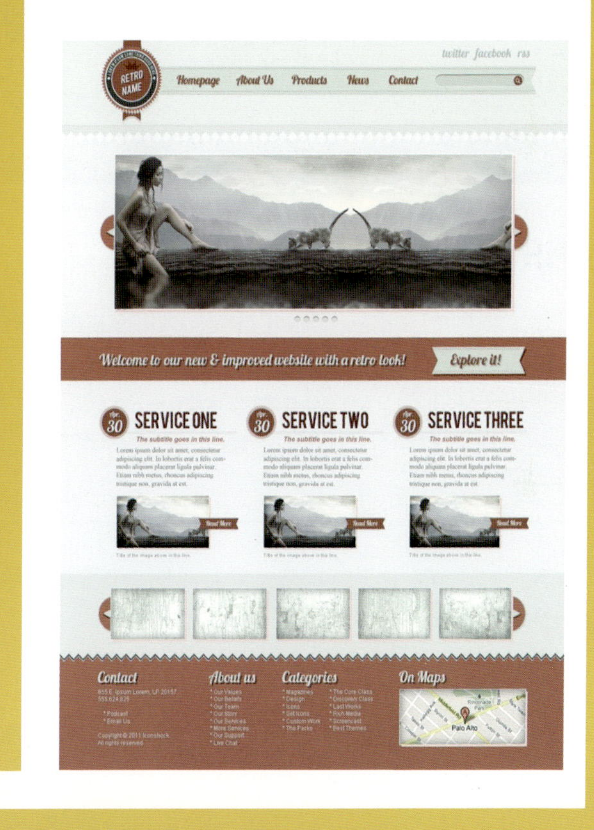

1 文字搭配——将各元素配置得简单易懂

知识导读

1

文字的搭配在版式设计中是比较讲究的。文字大小的搭配和排列，以及文字字体样式的选择都会对整个版面产生很大的影响。

2

文字的对比搭配方式能够影响版面中信息的传达，文字越大，对比越强，视觉冲击力就越好，阅读性就越强。

3

版式设计中的文字搭配设计，还得注意同一个版面中字体样式最好不要超过 3 种，尤其是标题性字体，因为字体越多，版面越混乱。

在平面版式设计中，视觉元素有两种：一种是有形有色丰富多彩的图形；一种是承载大量信息的各种文字。

文字编排是将文字用艺术化的手段呈现出来的一种过程，它对文字进行重新组合，并使其具有某种视觉和色彩上的独特性。文字编排设计是一种极其重要的视觉语言传达，也是平面艺术设计中非常重要的一门技术。

形态

文字的形态在版式设计中具有很大的作用，尤其是标题文字的形态设计，不同的形态会传达出不同的心理感受。

时尚

文字本身是没有太强的时尚感的，只有经过设计后的文字才会具有一定的时尚感，英文字体比中文字体时尚感要强。

空间

文字的不同搭配和排列方式可以营造强烈的空间感和透视感。为了营造空间感，可以通过文字大小的排列或者变形来实现。

1 大小搭配的版式案例解析

文字的大小搭配也是一种很好的对比形式，文字通过大小对比，会形成一个很好的视觉中心，提升版面的跳跃性，同时也很好地发挥了文字本身对比后的标题性的作用。

2 醒目的版式案例解析

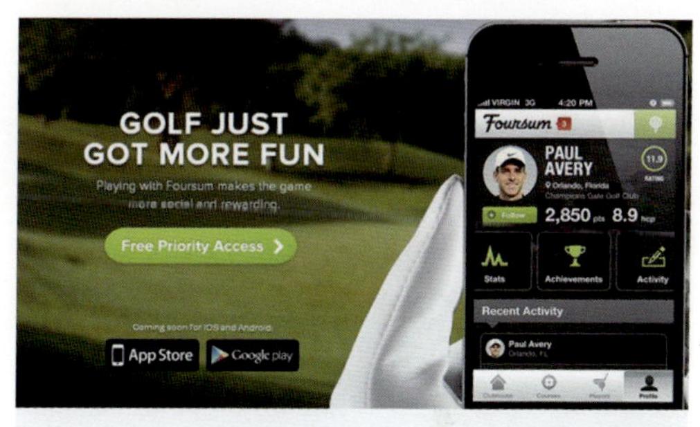

这个网页界面的设计比较简单，文字的对比也是非常强烈的，字体的对比、大小的对比、粗细的对比都让相邻的文字成为版面中最为醒目的内容。

3 规律性的版式案例解析

这个版面通过文字有序的对比和排列形成了一种规律性的版面，整体看起来很有秩序感，也很严谨。同时，在这种严谨的秩序感后面还有一种活跃性，文字的大小对比使得版面在严谨中带着一丝活跃，整个版面不会显得很死板。

案例赏析

크로스파이어
WCG 2013
GAME FESTIVAL
WCG 한국대표 선발전 GO >
CF 유저 초청 파티 GO >
WCG 한국대표 선발전
전세계 게이머들의 축제, World Cyber Games의 한국대표에 도전하세요!
WCG 한국대표 선발전 오프라인 본선 안내
한국대표 선발전 신청하기 >
대회 규정 다운로드 >
CF 유저 초청 파티
크로스파이어의 오픈을 기다려 주신 분들과 함께하는 즐거운 파티!
유저 초청 파티 안내
스페셜 파티 신청하기! >

아름다운 세상 믿음이 있는 사회
행복세상을 약속합니다.
TODAY FAMILY WELFARE
365 LOVE FAMILY GUIDE
WHAT WE DO
행복사회만들기 캠페인
WE ARE SERVICE
SMART GUIDE

건강한 하나인이 만드는
건강한 하나금융그룹
하나금융그룹 소개
글로벌 네트워크
facebook

FG COMPANY
Reply
Roll
Global
Smile Life :)
Precious moments

案例赏析

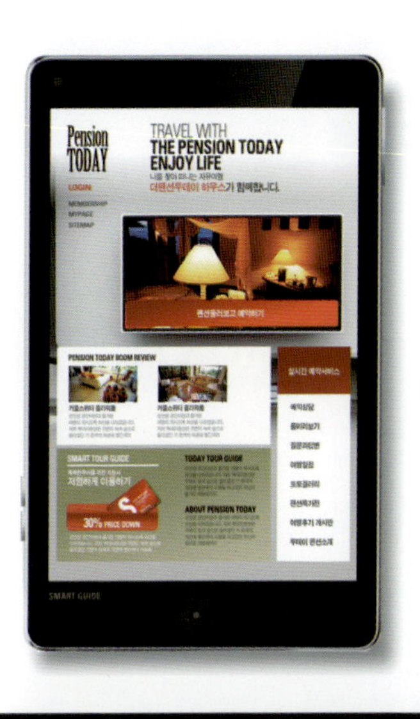

HOME ABOUT WORK CONTACT

DESIGN ONLINE PORTFOLIO OF NATHAN GONZALES

DESIGN CREATIVITY
INTERACTION &
VISUAL DESIGNER

文字的搭配必须要符合内容的逻辑性和日常审美的规律性，在这个基础上，再积极运用各种视觉要素对文字进行统一的编排和规划。优秀的文字搭配、排列对于版面内容的呈现起着非常重要的作用，它能够使版面设计更具视觉冲击力和感染力，也能够更好地打动受众，使受众能够更直观地了解版面的内容。

2 编排形式——编排出更具整体感的页面

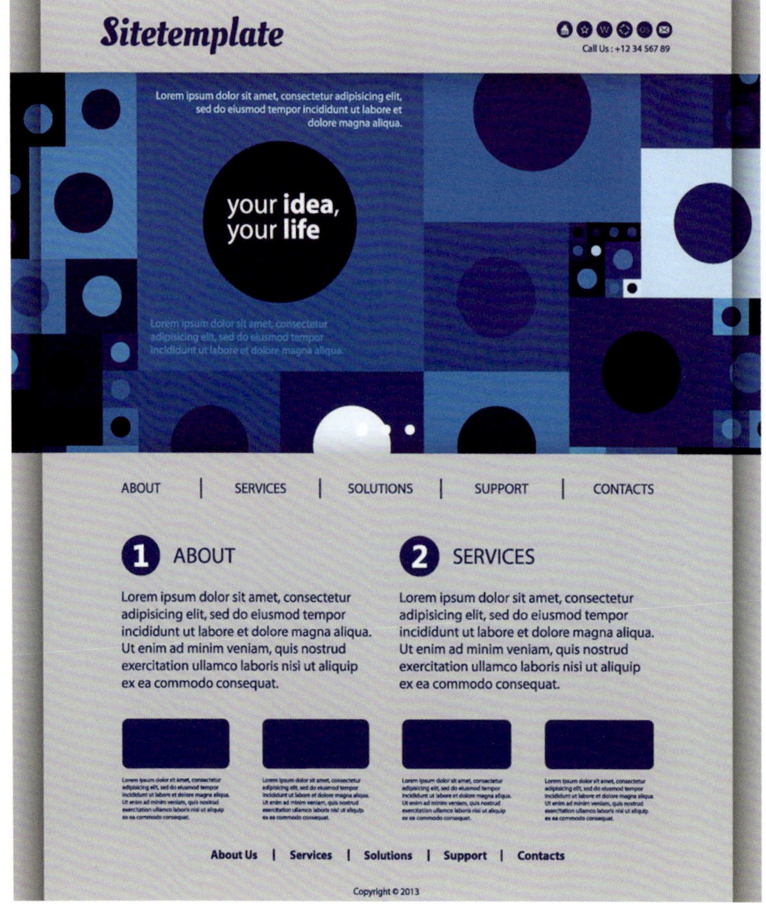

知识导读

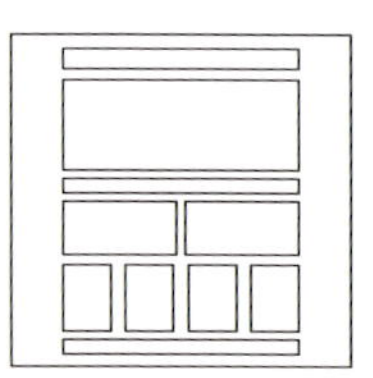

1

在网页设计中，不仅需要对文字进行搭配编排，而且还要根据内容的重要程度进行版式设计。

2

文字编排最重要的是编排形式的选择，比如需要强调文字标题，以及对段首、行首的强调等。

3

对于同一个版面来讲，编排形式不宜选择过多，最好是一两种，保持统一，这样的版面看起来比较整体。

文字的编排形式是版式设计中比较重要的一个内容，编排形式的选择往往要根据版面的内容来确定。文字的编排形式大概有齐头齐尾型、齐头散尾型、散头齐尾型、中间对齐、文字绕图和自由排列等。

文字编排形式是提高版面视觉效果，赋予其更加深刻且直观的艺术表现力的重要设计环节，并且通过对文字的编排设计，建立起一种增进与读者之间沟通的桥梁。

居中

文字居中对齐，以内容中心为轴线，保持两端字距对等，就是要突出中心位置，而又必须保持文章排版的整体性。

绕图

文字围绕图片编排这种方式是许多文学作品最常采用的编排方式，使版面显得清新、自然。

规律

规律性的编排形式主要是以一种或者两种编排形式为主，重复性地在版面中出现，这样的版面整体性更强。

1 自由型的版式案例解析

自由型的文字排列形式主要是不采取任何规律性的排列形式，根据自己版面内容的需要，对文字自由地进行排列组合，大小对比随意调整，这样的版面更加自由、活泼、轻松，能够带给人们一种没有任何束缚的愉悦感。

2 齐头散尾型的版式案例解析

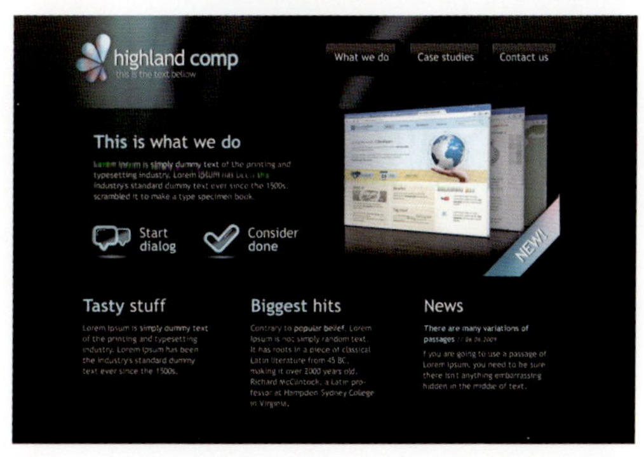

齐头散尾型的排列形式是一种相对比较灵活、轻松的编排方式，松紧有度，文字的自由度和节奏感更强。左对齐方式一般更符合人们的阅读习惯，这种排列形式多出现在英文字体的排列中。

3 齐头齐尾型的版式案例解析

齐头齐尾文字的编排必须保持从左端到右端在长度上均齐，使文字的整体效果呈现出一种整齐、严谨、端正之美。本网页就是齐头齐尾的排列形式，整体非常大方、整洁。

案例赏析

HEXAGONAL
HOME ABOUT US PORTFOLIO BLOG FEATURES CONTACT US
THE
LOREM IPSUM
D
P
B
DESIGN
PHOTOGRAPHY
BRANDING
RECENT PROJECTS
SERVICES
WEB DESIGN
PHOTOGRAPHY
SEO
RESPONSIVE
MOBILE APPS
SOCIAL NETWORKS
John Doe
RECENT BLOG POSTS
MUS NASCETUR

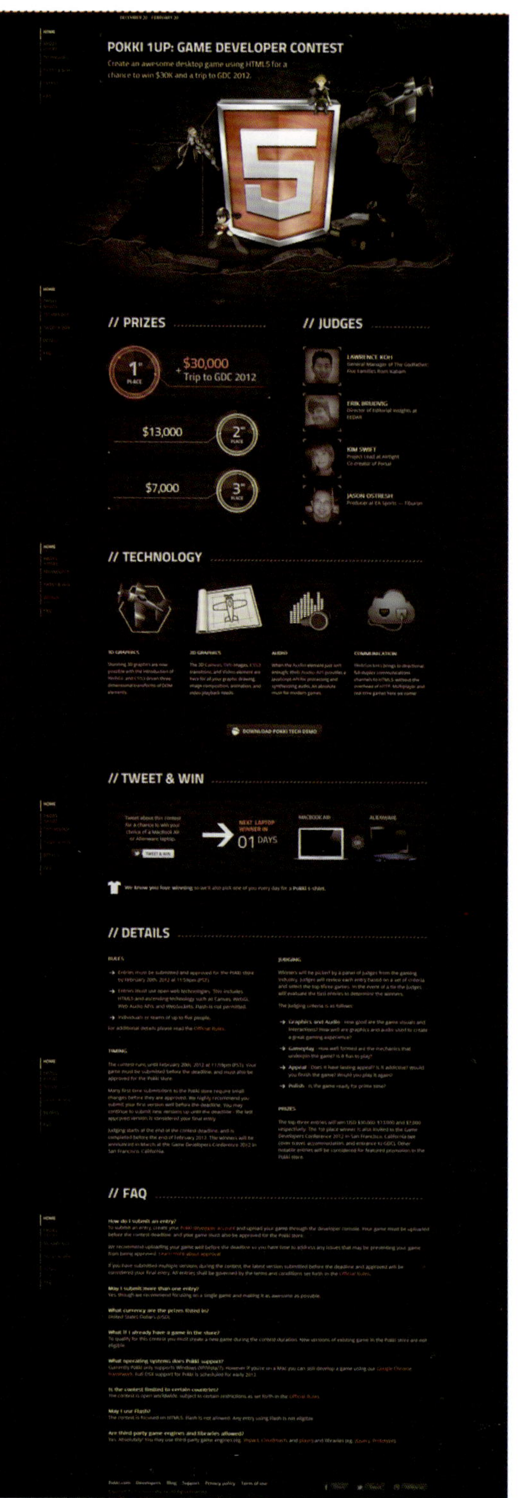
POKKI 1UP: GAME DEVELOPER CONTEST
Create an awesome desktop game using HTML5 for a chance to win $30K and a trip to GDC 2012.
// PRIZES
// JUDGES
$30,000
Trip to GDC 2012
$13,000
$7,000
// TECHNOLOGY
// TWEET & WIN
01 DAYS
// DETAILS
// FAQ

案例赏析

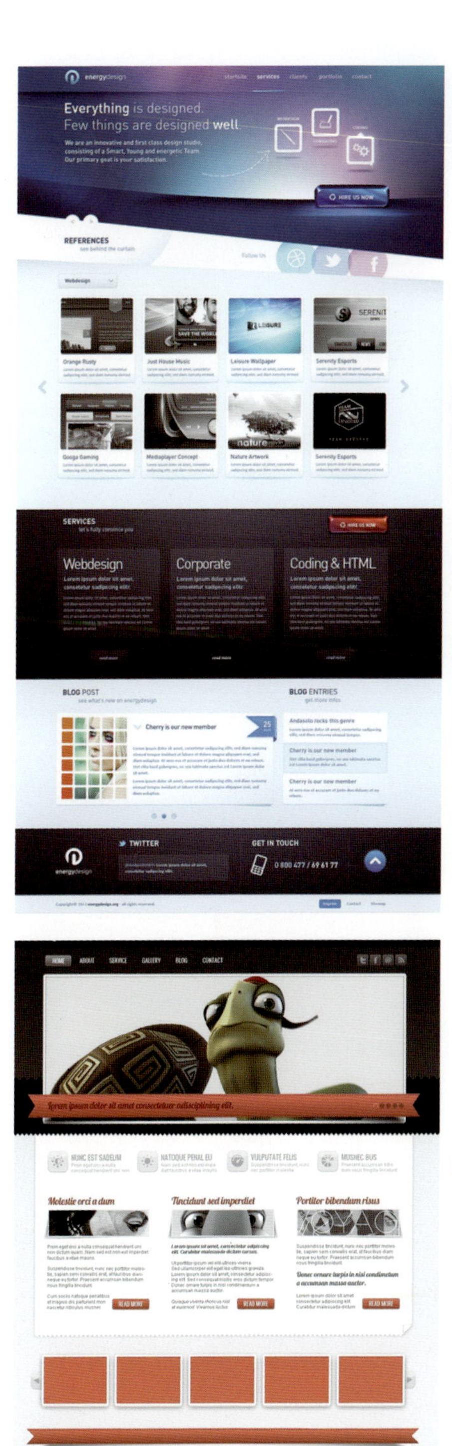

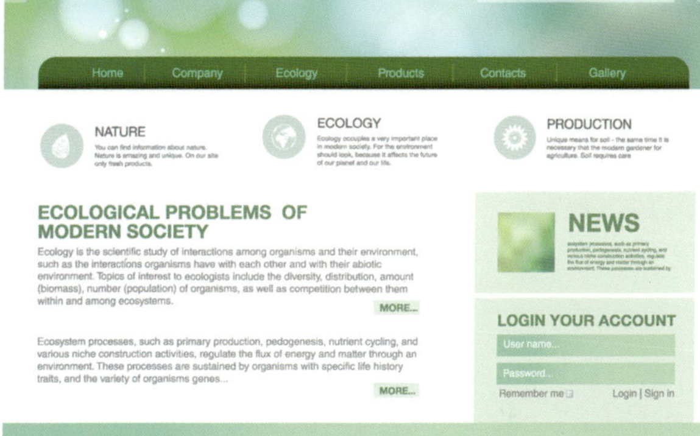

文字的编排形式不仅仅需要几种形式的结合使用，而且还需要注意文字的行间距、字间距及段落间距之间的调整。

文字的编排还需要考虑到周边图片的形态，要跟图片进行呼应式的排列，这样的版式才更具有活力，整体性才会更强。

3 标题文字——更好地引导阅读

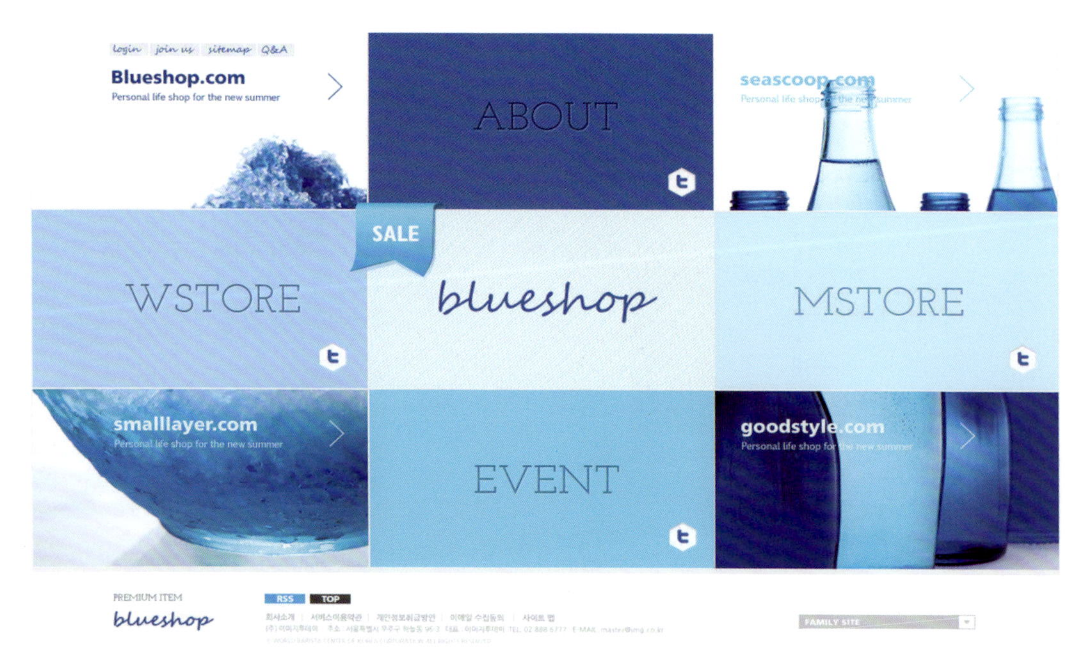

知识导读

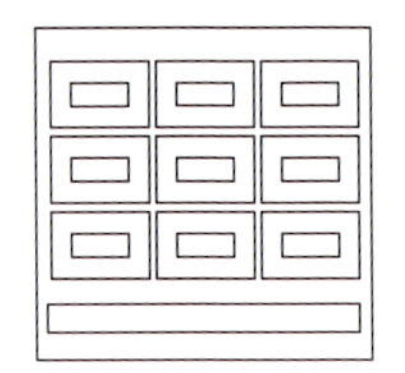

1
标题文字是对一部分内容的概括性文字，这类文字语言更加简练，针对性更强，能够快速准确地引导读者去浏览信息，并且找到自己感兴趣的内容。

2
标题文字在设计上要醒目，字体的选择要与内容风格相匹配，在设计上标题的字间距要大一些。

3
标题文字不宜过长，标题的字号不宜过小，字间距不宜过小，标题可以通过设计或者对比较强的色彩达到更醒目的标准。

在网页的版式设计中，标题的设计对于网页信息的展示作用是非常大的，标题的语言要简练，字体要区别于其他正文的字体，色彩上要醒目，这样的标题设计具有很强的引导性作用，能够快速准确地引导读者找到自己感兴趣的内容。

在进行标题文字的排列的时候，一定要注意标题周边的内容不能太多，尽量保持周边背景整洁，这样才能更好地凸显标题。

引导
标题性的文字具有很强的引导性，通过简短的语言进行信息的沟通，引导读者进行信息的浏览。

醒目
由于标题文字较简短，在版面中它的设计及摆放的位置往往是非常醒目的。

准确
标题文字一个重要的作用是引导读者快速准确地找到自己关注的信息。

1 新颖的版式案例解析

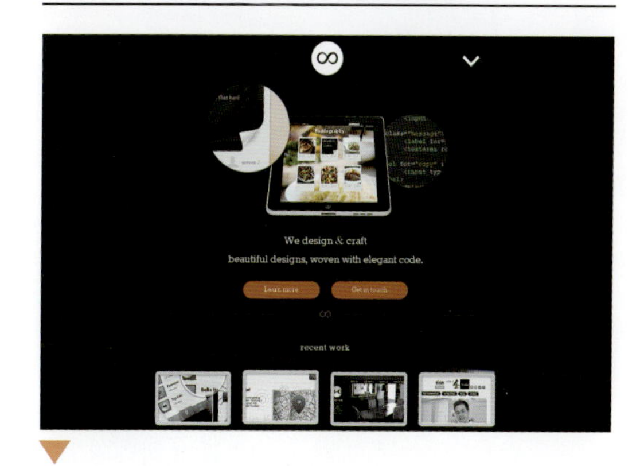

这个网页版面中标题文字是非常有特色的，因为版面的整个背景是黑色的，这就使标题文字更醒目。另外，这个设计在标题文字下面加上了红色的色块，在视觉上让标题文字的冲击力更强。

2 装饰性的版式案例解析

这个网页的标题文字设计具有很强的装饰性，它不仅使用了标题性的词语，而且还搭配了简单的文字信息，通过图形、背景色彩、文字的大小对比形成了一个标题性文字块，在版面设计中具有很好的装饰效果。

3 简洁大方的版式案例解析

这个版面的标题文字更为直接，没有任何太多的元素来修饰版面，直接性的图形和文字构成了简洁、大方的页面，黑色的背景搭配白色和黄色的标题文字，视觉冲击力非常好，版面干净、大气。

案例赏析

WebSite
your name here
Your 5
home page
portfolio
software
online
store
contact
informations
Page Title Here - your style
The way we do business
What people think about us
Copyright © 2011-2022 WebSitename.com

LUCKY
GOLDEN
BOX

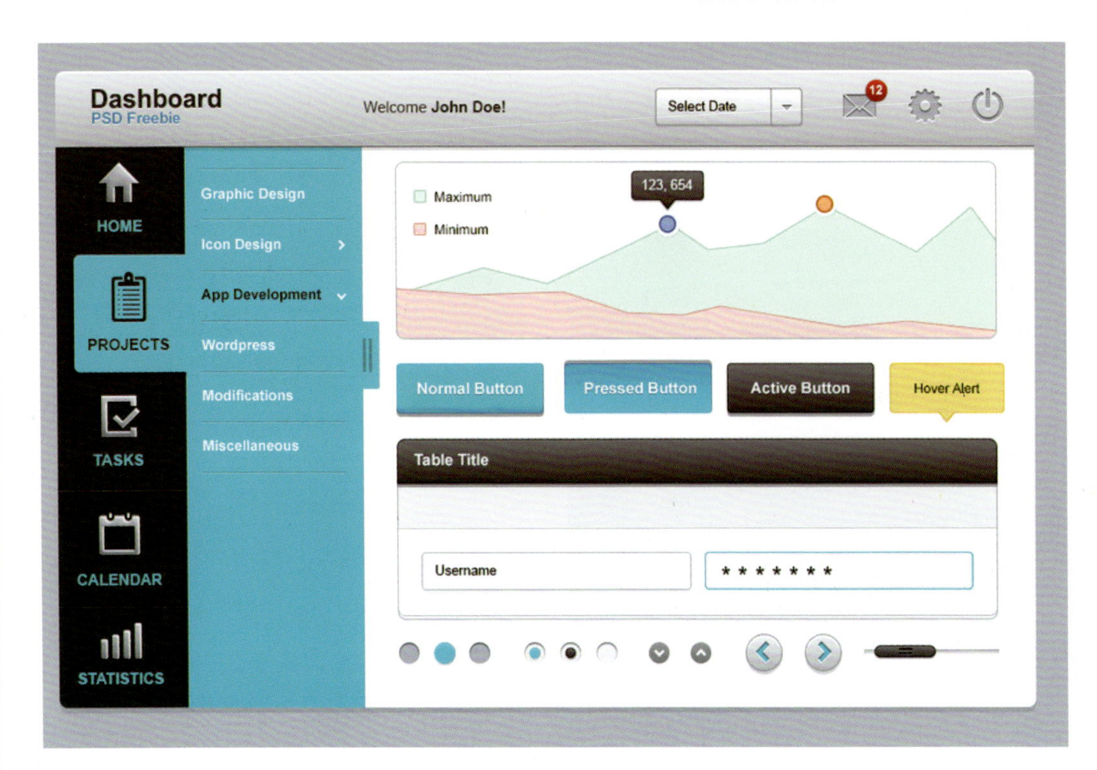
Dashboard
PSD Freebie
Welcome John Doe!
Select Date
12
HOME
PROJECTS
TASKS
CALENDAR
STATISTICS
Graphic Design
Icon Design
App Development
Wordpress
Modifications
Miscellaneous
Maximum
Minimum
123, 654
Normal Button
Pressed Button
Active Button
Hover Alert
Table Title
Username
* * * * * * *

案例赏析

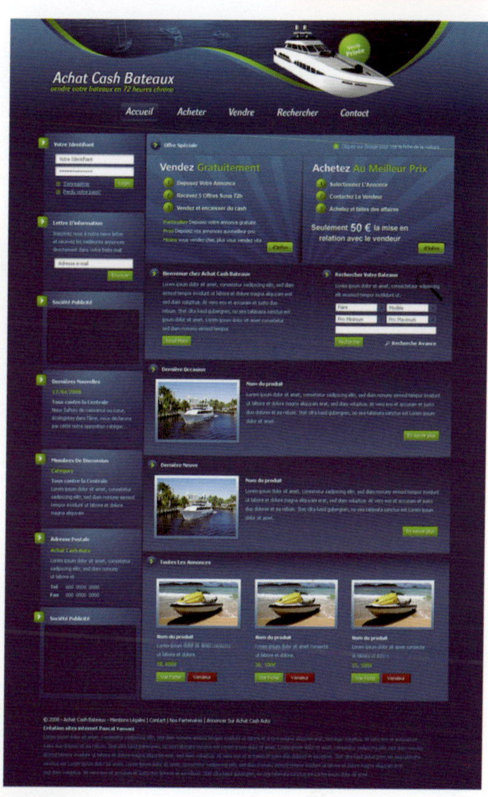

标题文字可以提升版面信息阅读的准确性和便捷性，繁杂的内容信息不可能全部展现在版面中，所以需要通过标题性的文字进行引导，引导读者进行局部区域性的信息阅读，这样不仅提高了信息搜索的便捷性，而且也提高了阅读的效率。

另外，标题文字的使用在版式设计中也起到了美化版面的作用，标题文字的设计及字号的大小，与版面内容文字形成了强烈的对比，提升了版面文字的跳跃性，丰富了版面。

4 文字强调——让插图更令人印象深刻

知识导读

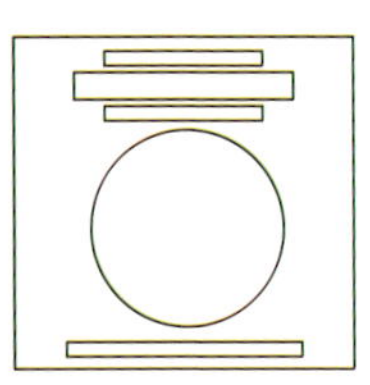

1

在网页的版式设计中常常会将文字和插图结合进行排列，文字的多样化可以提升版面的视觉冲击力。

2

文字与插图的组合排列更容易提升版面信息的阅读性，能够吸引读者。

3

强调性的文字一般都会跟插图一起出现，这样二者可以密切地结合，形成很好的视觉中心。

在网页的版面设计中，强调性文字的使用可以很好地提升版面信息的阅读率。强调性的文字往往会通过强烈的字体对比、字号对比或者色彩的对比来达到文字的强调性，再加上插图，二者一起使用更容易引起读者的注意。

信息的图形化形成了插图，插图与文字的结合形成了很好的引导性的视觉语言，能够更好地引导读者阅读，给读者留下深刻的印象。

首字

文字强调首先会让人想到常用的首字强调方式，都是为了在视觉上引起读者的注意，从心理上有一个新鲜的感觉。

视觉

文字强调是为了区别于其他的内容，强调文字在视觉上是非常突出的，阅读时很容易引起人们的注意。

引导

强调性的文字和插图结合具有很好的视觉冲击力，同时也具有很好的视觉引导性。

1 装饰性的版式案例解析

插图本身在版面中就具有装饰性，配上强调性的文字，二者的紧密结合，形成了视觉中心，可以突出重点内容，既丰富了版面，又具有一个很好的装饰性作用，同时也具有很好的视觉引导性。

2 有关联的版式案例解析

强调性的文字和插图在版面中并不是随意使用的，二者的使用必须和版面中的主要内容相关联，同时强调性的文字与插图也是相关联的内容，否则图文内容不一致，会导致信息的引导出现失误。

3 醒目的版式案例解析

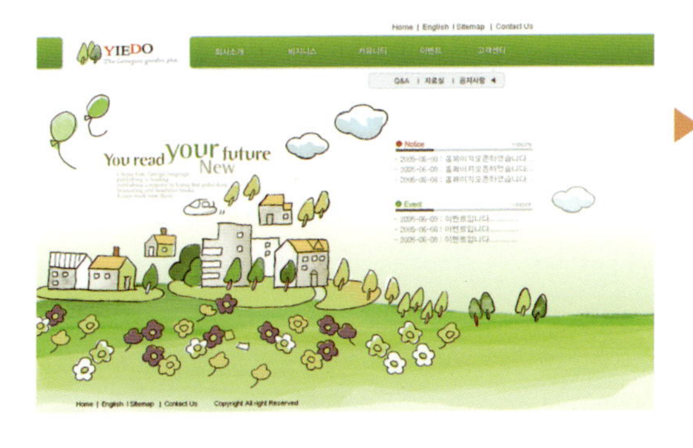

强调性的文字在版面中比较突出，很好地与其他的内容区别开来。另外，插图以图像的形式出现在版面中，相对于文字来讲，它的视觉冲击力更强，二者的结合能够让版面更加醒目。

案例赏析

Today Energy
사업안내
Eco Energy 그린시스템
GREEN SYSTEM
T energy 인사말
신.재생 에너지의 경쟁력은 우리나라 에너지의 미래입니다.
생활 속의 작은 실천을 모아 에너지절약이 상식이 되는 사회문화를 구축

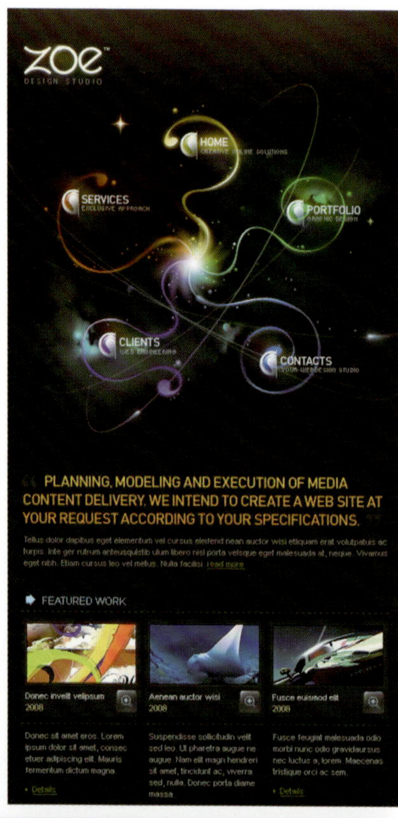
zoe
DESIGN STUDIO
HOME
SERVICES
PORTFOLIO
CLIENTS
CONTACTS
PLANNING, MODELING AND EXECUTION OF MEDIA CONTENT DELIVERY. WE INTEND TO CREATE A WEB SITE AT YOUR REQUEST ACCORDING TO YOUR SPECIFICATIONS.
FEATURED WORK

FG Entertainment
company
business
stars
movie
music
audition
HOME
RECRUIT
SITEMAP
ENGLISH
FREEGINE
HISTORY
BUSINESS AREA
ORGANIZATION
CI
LOCATION
Awaking
THE WORLD
New CD
Audition Who is Next?
08 07 25
VIEW
What's New !?
프리진 미니 앨범 [D.I.S.C.O] 로 컴백
REPORT CENTER
IR
ARTIST LIST

案例赏析

HOME | LOGIN | JOIN | SITEMAP | CONTACT US
이벤트
검색
BAKERY
ABOUT BAKERY
MENU
RESERVATION
GALLERY
COMMUNITY
40% Sale
BAKERY
Rest!
Enjoy the Best Bakery
Bread
OPEN A.M 09:00
CLOSE P.M 10:00
NOTICE
EVENT
1. 레시피 보기
2. 예약하기
3. 찾아오시는 길
점심 특별 요리가 추가되었습니다.
12월25일 특별 시식 코너를 만들었습니다.
시식후 글을 적어주시면 경품을 드립니다.
소문난 맛집, 최고의 서비스를 제공해 드립니다
Best Bakery!
개인정보보호정책 | 회사소개 | 제휴문의 | 고객센터 | 사이트맵
COPYRIGHTS (C) 2009 ASA BAKERY. ALL RIGHTS RESERVED.

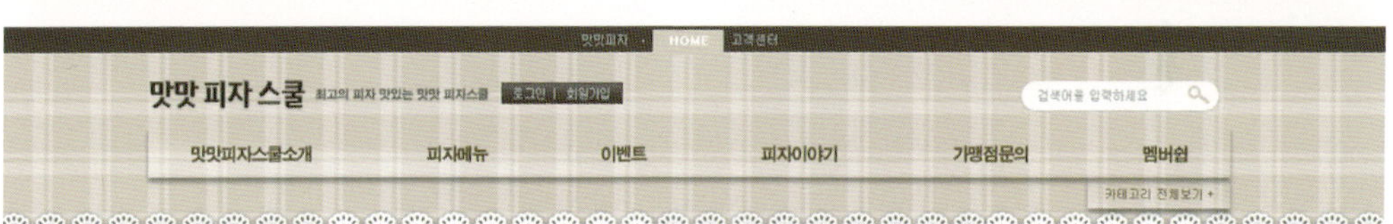

HOME
고객센터
맛맛 피자 스쿨
로그인 | 회원가입
맛맛피자스쿨소개
피자메뉴
이벤트
피자이야기
가맹점문의
멤버쉽
카테고리 전체보기

맛맛피자스쿨소개
피자스쿨소개
조리장소개
오시는 길
나만의 맛맛
맛맛피자스쿨 신 메뉴 소개
맛있는 피자의 신메뉴를 소개 합니다
신메뉴 바로가기
기존메뉴 바로가기
에피타이저 바로가기
맛맛피자스쿨 에피타이저 소개
피자만이 있는 것은 아니다. 고급 카페가
부럽지 않은 커피의 향을 느껴보세요

피자스쿨 공지사항
피자스쿨 이벤트
개인정보취급방침
이용약관
이메일무단수집
이메일문의
FAQ

05

版式设计

移动版式设计的图形编排

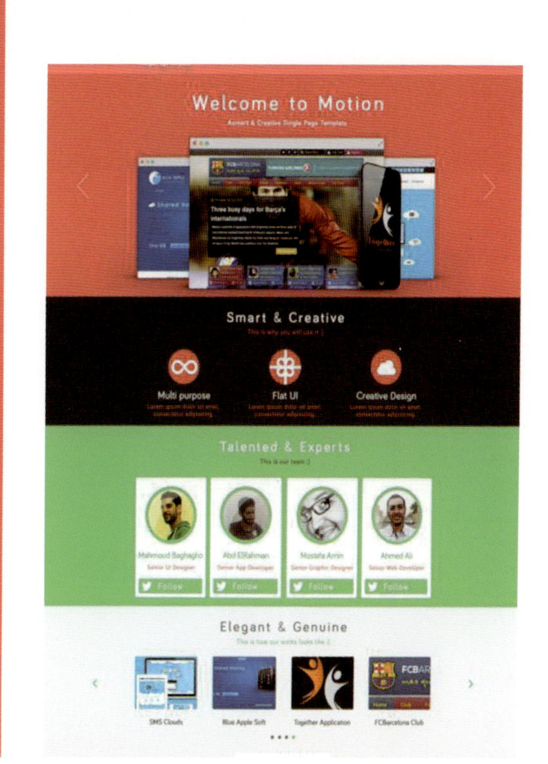

1
形态——为单调的版面增添一些变化

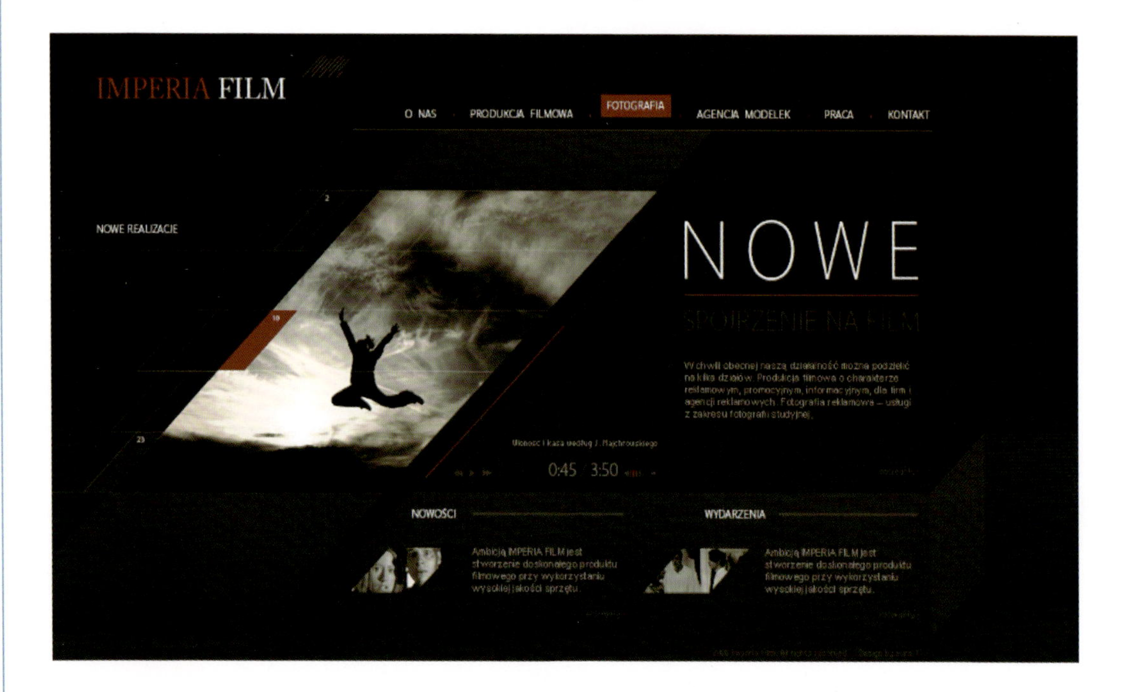

知识导读

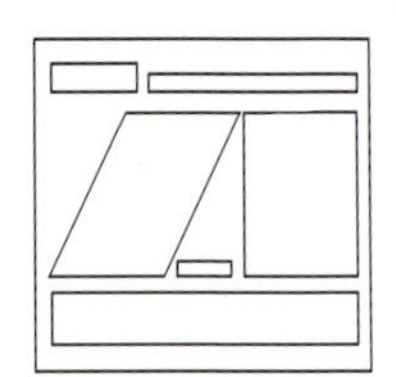

1
图形形态主要是指在版式设计中把图形放在不同的图框下，形成各种不同的形状，突破画面的常规版面形式。

2
在移动版式设计中的图形形态主要是常规的矩形、圆形、椭圆形、平行四边形、三角形及不规则多边形等。

3
一个版面中的图形形态设计不能太多，整体尽量保持一致，可以调整大小。过多的图形形态容易造成版面的混乱。

在移动版式设计中，图形形态的使用可以使整体的版面更加活跃，充满创意。原本的图形基本上都是矩形，再加上版面文字排列的形式，容易造成版面过于呆板，没有生气。

将图片置入不同形态的图形中，可以增加版面的图片跳跃率，也可以把整个版面中的图片和文字完美地结合在一起，让二者在版面中具有预定的互动性。

图形形态在版面中不宜过多使用，过多的形态容易造成版面版式的混乱。

矩形

矩形本身就是很稳定的图形，也是在版式设计中最常用的形态之一，它的使用可以让版面更加规范化。

平行四边形

平行四边形具有一定的动态感和速度感，它的使用可以让原本呆板的版面更加有活力。

多边形

多边形具有很好的装饰性，它可以稳定画面，大小不同组合的多边形可以使版面更加活跃。

1 圆形形态的版式案例解析

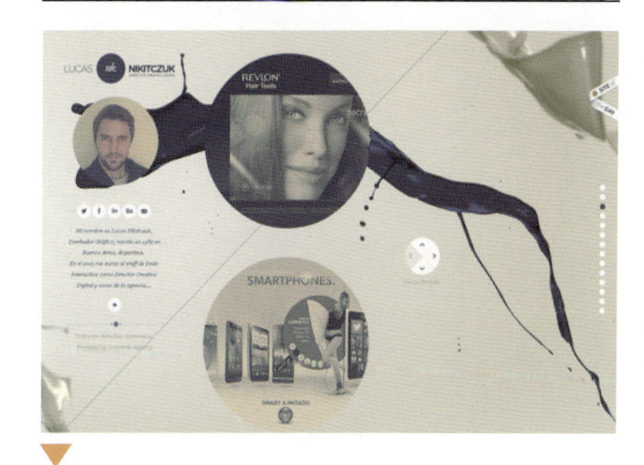

圆形形态的使用可以让版面更加舒服，圆形可以打破原本版面中更多的直线形元素，不再让版面更加硬朗。圆形可以大小不一的形态出现，这样可以形成版面中的点。

2 自由型的版式案例解析

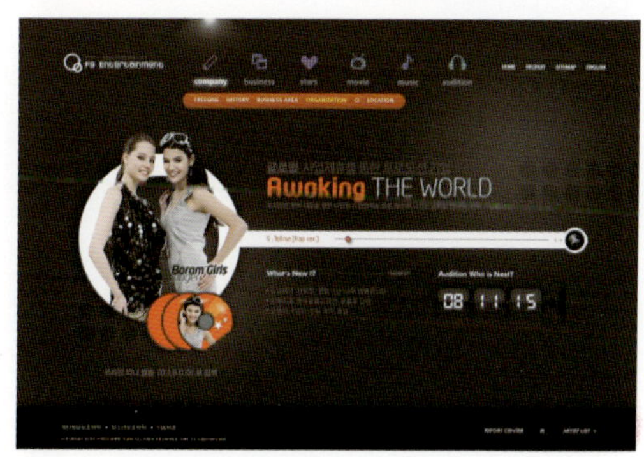

这个版面中的图形是比较令人放松的，使用了将圆形与图片抠图进行组合的形式。这样的形式会让版面看起来更加有创意，突破性的图片能够形成很好的视觉中心，引起读者的注意。

3 混合型的版式案例解析

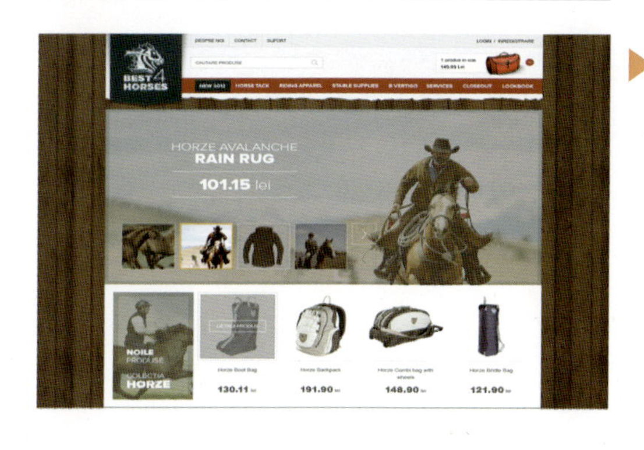

混合型的形态在版式设计中是非常好的一种增加版面形式感的方式之一，这种混合型的图形形态可以丰富版面的内容。在进行这种类型设计的时候一定要找到主要的形态。混合型的图形形态也要有主次之分，这样才会让版面看起来更有秩序。

案例赏析

Home page
Центр развлечений
«НЕВЕСЕМОСТЬ»
СВОБОДНЫЕ
ПРЫЖКИ
ПРЕДСТАВЬТЕ
В батутной зоне
центра «НЕВЕСЕМОСТЬ»
вас ждут
ОБУЧЕНИЕ
для детей и взрослых
ФИТНЕС-ПРОГРАММА
Проведение
ПРАЗДНИКОВ
ЗОНА
ОТДЫХА
5D-КИНОТЕАТР

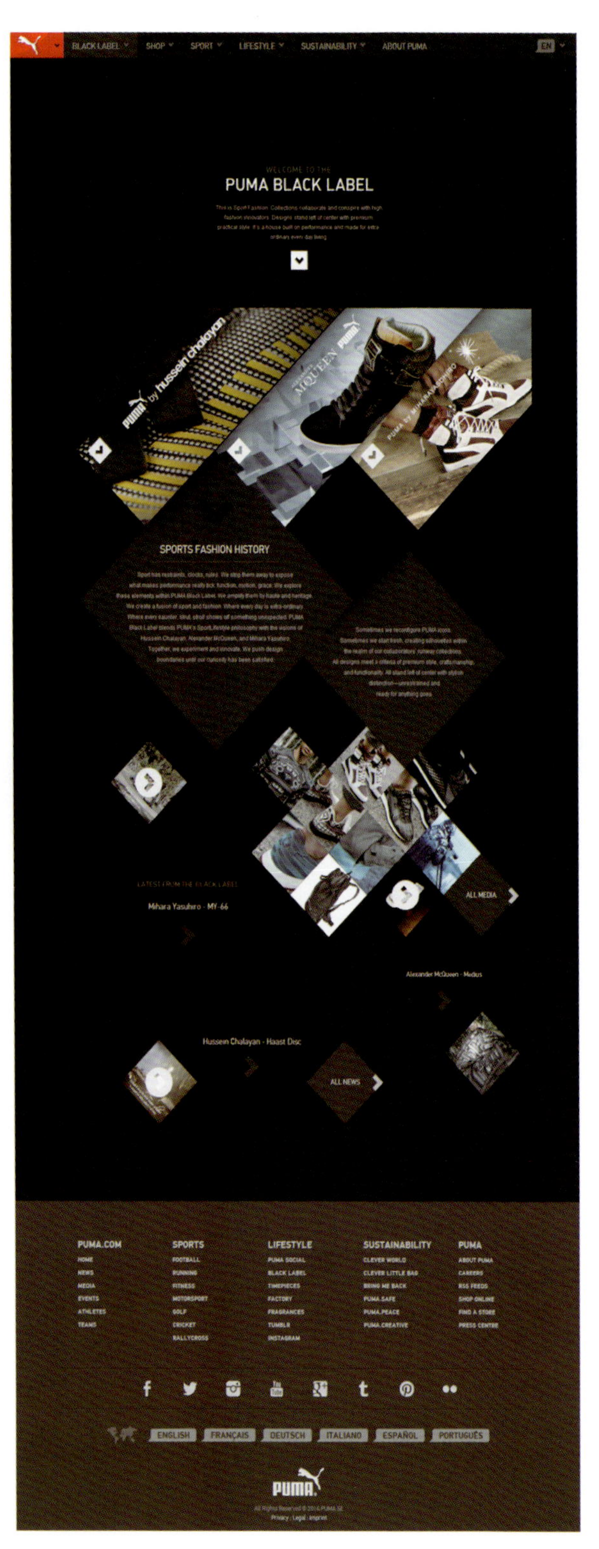
BLACK LABEL
SHOP
SPORT
LIFESTYLE
SUSTAINABILITY
ABOUT PUMA
EN
PUMA BLACK LABEL
SPORTS FASHION HISTORY
Mihara Yasuhiro · MY-66
ALL MEDIA
Alexander McQueen · Medius
Hussein Chalayan · Haast Disc
ALL NEWS
PUMA.COM
SPORTS
LIFESTYLE
SUSTAINABILITY
PUMA
ENGLISH
FRANÇAIS
DEUTSCH
ITALIANO
ESPAÑOL
PORTUGUÊS
PUMA

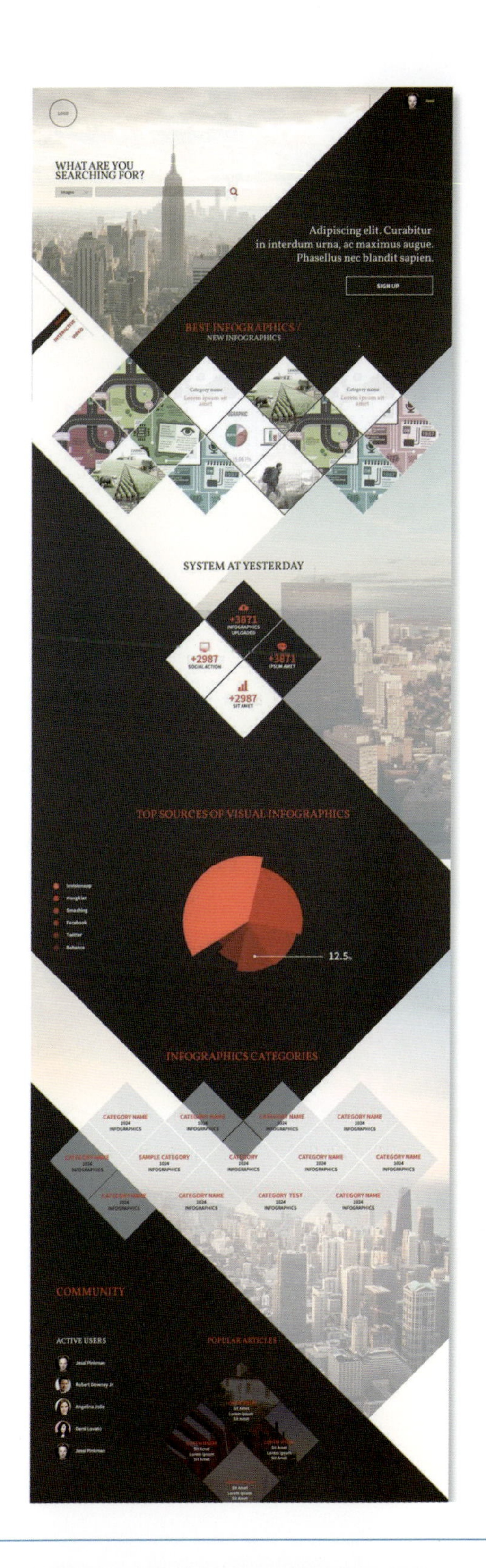
WHAT ARE YOU
SEARCHING FOR?
Adipiscing elit. Curabitur
in interdum urna, ac maximus augue.
Phasellus nec blandit sapien.
SIGN UP
BEST INFOGRAPHICS /
NEW INFOGRAPHICS
SYSTEM AT YESTERDAY
+3871
+2987
+3871
+2987
TOP SOURCES OF VISUAL INFOGRAPHICS
12.5%
INFOGRAPHICS CATEGORIES
COMMUNITY
ACTIVE USERS
POPULAR ARTICLES

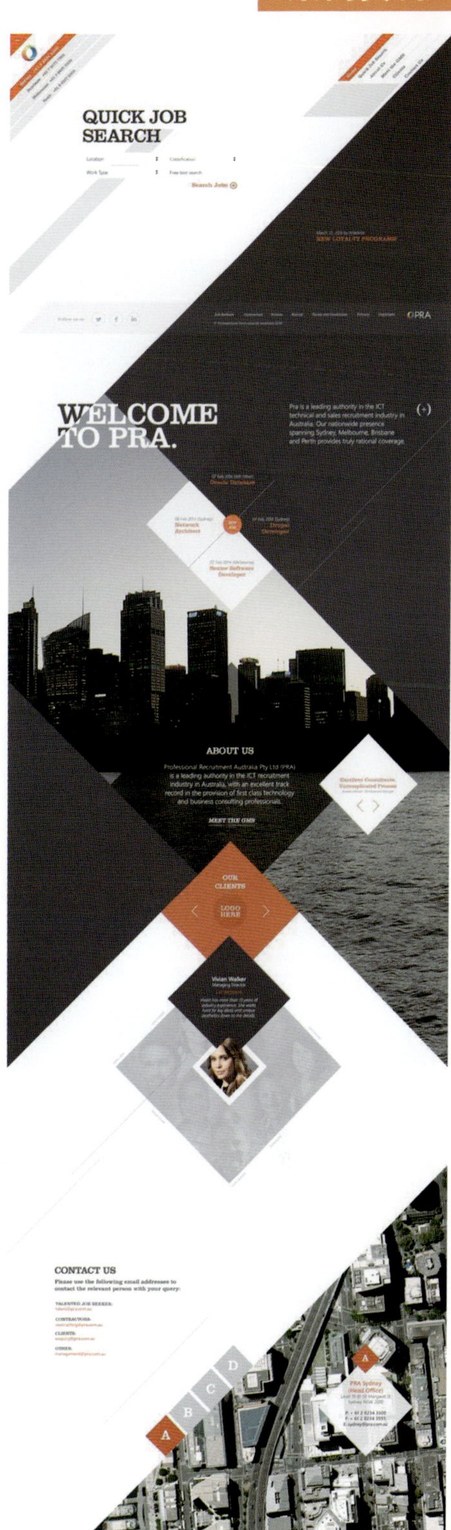
QUICK JOB
SEARCH
WELCOME
TO PRA.
Pra is a leading authority in the ICT technical and sales recruitment industry in Australia. Our nationwide presence spanning Sydney, Melbourne, Brisbane and Perth provides truly national coverage.
ABOUT US
Professional Recruitment Australia Pty Ltd (PRA) is a leading authority in the ICT recruitment industry in Australia, with an excellent track record in the provision of first class technology and business consulting professionals.
MEET THE GMS
OUR
CLIENTS
LOGO
HERE
CONTACT US
A
B
C
D

2
摄影图片——将内容编排得更有逻辑性

ETIAM RHONCUS VOLUTPAT

FUSCE ULTRICES FRINGILLA METUS

PRAESENT SCELERISQUE SCELERISQUE

ETIAM POSUERE AUGUE SIT AMET

知识导读

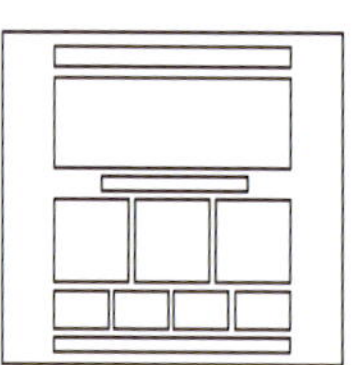

1

在移动网页设计中，使用摄影图片能够让版面增加亲近感，更能够拉近与读者的距离。

2

摄影图片的具象特征更容易吸引人，图片的使用可以为版面增加很多内容，图片的信息传达更为直接。

3

经过处理的图片更具有一定的艺术性，在版式设计中使用处理的图片更容易吸引读者。

摄影图片在移动网页的版式设计中的使用是最为广泛的。图片的使用有很多种方法，可以把没有经过处理的图片直接放在版面中，也可以进行各种艺术化的后期处理，处理后的图片的视觉性更强，更容易吸引读者。

摄影图片通过巧妙的排列会形成很好的视觉氛围，在版面中起着非常重要的作用，摄影图片的信息传达更为直接，所以在版式设计中使用摄影图片更容易增加内容的真实性。

去色

为了保持版面在视觉上的整体性和统一性，有些图片的色彩过于鲜艳，所以会把色彩去掉。

拼贴

摄影图片的拼贴形式在女性购物网站中使用得比较广泛，图片经过拼贴，内容非常丰富，色彩非常吸引人。

抠图

抠图这种使用形式能够让图片更加具有活力，因为外形的自由性，可以让版面看起来更加轻松、舒服。

1 图片合成的版式案例解析

摄影图片的合成能够达到很好的创意效果，同时图片的合成又比较真实，所以创意合成的图片在视觉上具有更强的冲击力，能够带给人们更好的视觉感受，在版面中使用合成图片更能够吸引读者的目光。

2 图片特效的版式案例解析

图片特效的使用能够让图片更加绚丽多彩，特效的添加能够带来很多的色彩和灯光的效果，这类效果的图片同样能够在视觉上带给读者很好的享受，所以能够很好地为读者传达信息。

3 图片特写的版式案例解析

特写图片的使用更加令人震撼，首先视觉冲击力是很强的，其次能够增加真实感和现实感，在移动网页中使用特写的图片能够增加信息的真实性。

案例赏析

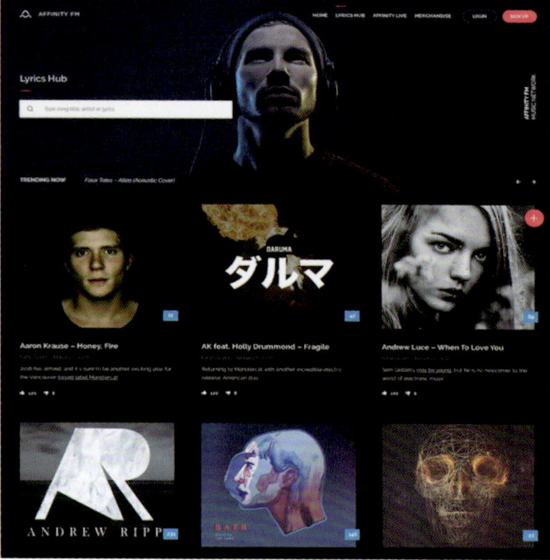

摄影图片在移动版式设计中的使用是比较广泛的，图片的处理形式有很多种，组合方式也有很多种，但是在同一个版面中尽量保持统一的风格，不要使用太多的设计形式，否则会造成版面信息的混乱，给读者带来阅读上的困难。

FREEZING
EXCITING
Get on ice to enjoy the unprecedented passion
of 2013 Audi Ice and Snow Experience
2013
Audi
ICE
EXPERIENCE
HOME
quattro®
INTRODUCTION
REVIEW
DISPALY MODEL
ACTIVITY
INTRODUCTION
QUATTRO®
FULL TIME FOUR
WHEEL DRIVE SYSTEM
HISTORICAL
REVIEW
2008
2010
2011
2012

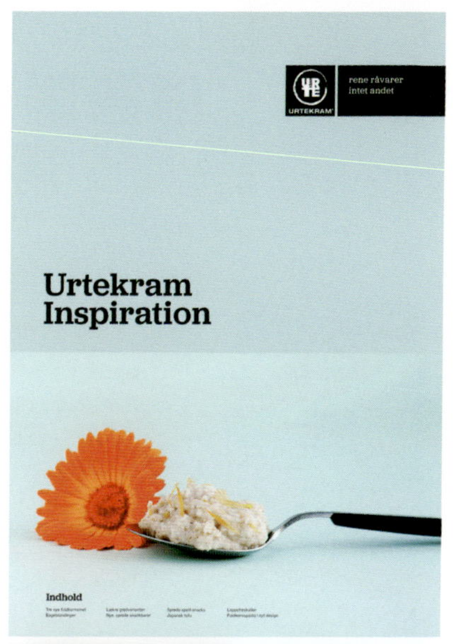
rene råvarer
intet andet
URTEKRAM
Urtekram
Inspiration
Indhold

En
økologisk
pioner

Vi vil gerne være med til at værne om
naturen. Og vi vil gerne sikre, at vores
kunder får de rigtige næringsstoffer
Müs

3 创意图形——将内容编排得既好懂又美观

知识导读

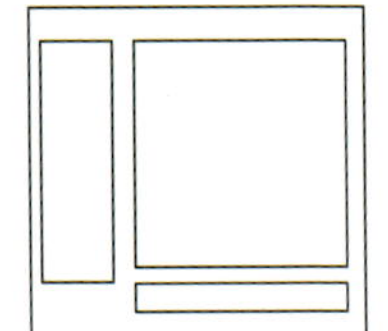

创意图形是创造能够迅速传递有效信息，瞬间给人留下深刻印象，并触发丰富联想的一种“形有尽而意无穷”的效果。

2

创意的图形应该是比较简洁的，图形的信息传达能力比较强，视觉效果也好。

3

在版式设计中使用创意图形能够带给读者很多的愉悦感，能够增强读者的印象，同时创意的图形还能够很好地美化版面。

在社会生活中，图形随处可见、俯拾即是，其形态各异，与人们的生活息息相关。作为人类创造的视觉符号的一种，图形是最具有艺术价值和人文特征的。图形同时也包含了创意的插画，这些图形在版式设计中的使用能够增强版面信息的可读性，同时也能够增加版面的视觉冲击力。图形的信息传达速度是比较快的，有气势、有创意的插画能够给读者留下深刻的印象，很好地达到信息传达的目的。

关注

创意图形更容易引起读者的关注，这是由图形的信息传达的本质决定的。

鲜明

图形的设计与繁杂的文字会形成鲜明的对比，在版面中图形很容易脱颖而出，很快让人们注意到。

综合

创意图形、图片及插画这几种形式的结合使用在版式设计中也是常用的，这种形式更加多元化，能够丰富版面内容。

1 抽象图形的版式案例解析

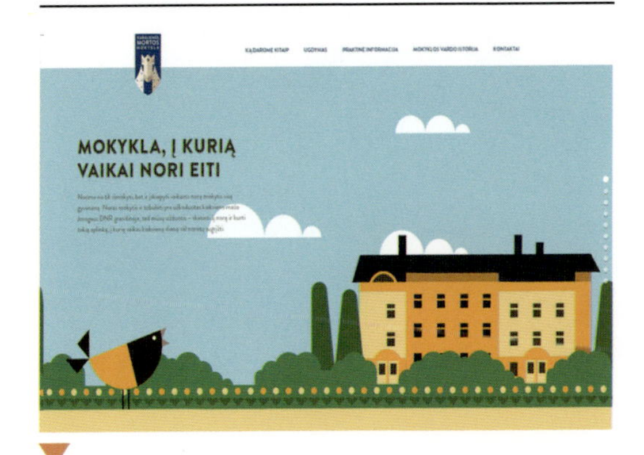

抽象图形往往都是在原有具象图形的基础上进行简化，然后又进行设计的图形。这样的图形具有很强的信息传达功能，在版式设计中使用这样的图形不仅能够给版面带来强烈的视觉效果，而且还能够丰富版面，让版面更加活跃。

2 插画的版式案例解析

插画具有一定的艺术性和审美性。这个网页的设计采用了手绘的风格，让人感觉更加亲近。插画绘制更加自由随性，所以插画能够给人带来轻松、舒适的感受。

3 扁平化图形的版式案例解析

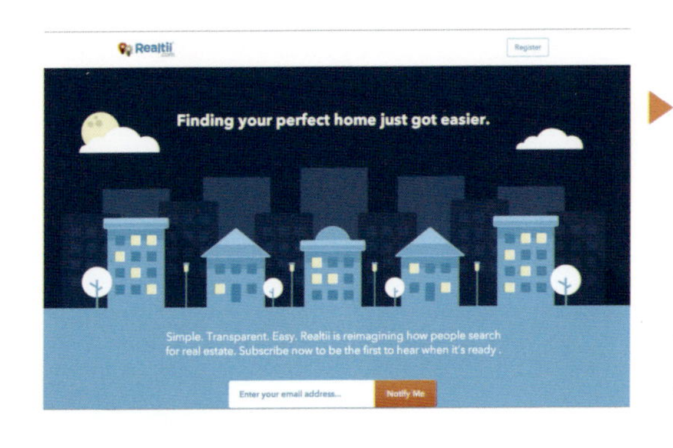

扁平化的图形设计在现代设计中使用得比较多，这类图形没有立体感，但是非常简洁，色彩一般比较鲜艳，视觉效果非常好，使用扁平化的图形设计能够让版面看起来更简洁、更清新。

案例赏析

PRIME BURGER
MORE TASTE, MORE FUN
HOME
BURGERTYP
BESTELLEN
KONTAKT
Folge uns auf facebook

HAPPY Plus
ABOUT US
GREEN STORY
AD CENTER
RESPONSIBILITY
WHAT'S NEW
Love
행복나누기 + 기쁨더하기
해피플러스 참여하기
이 달의 그린 나눔소식
happy plue
APP ver2.0
download
365일 언제나
행복한 나눔이 가득!
AD center
Trust
Belief
Serviece
performance
HAPPY Plus
FAMILY SITE

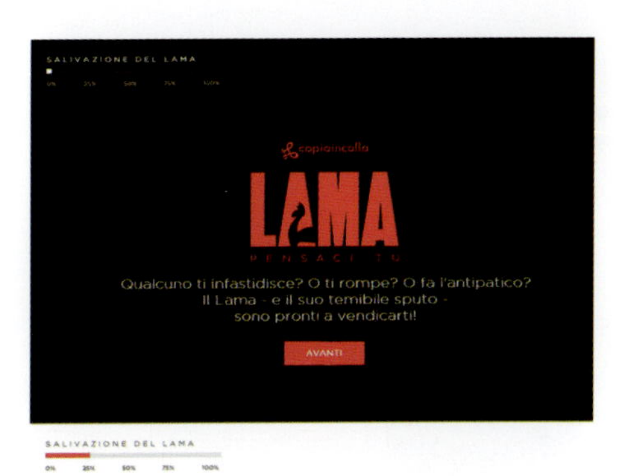

DILLO AL LAMA!

Di chi vuoi vendicarti? Scrivi qui la sua e-mail.
Il Lama gli sputerà e **tu rimarrai anonimo!!**

inserisci qui l'e-mail del tuo bersaglio

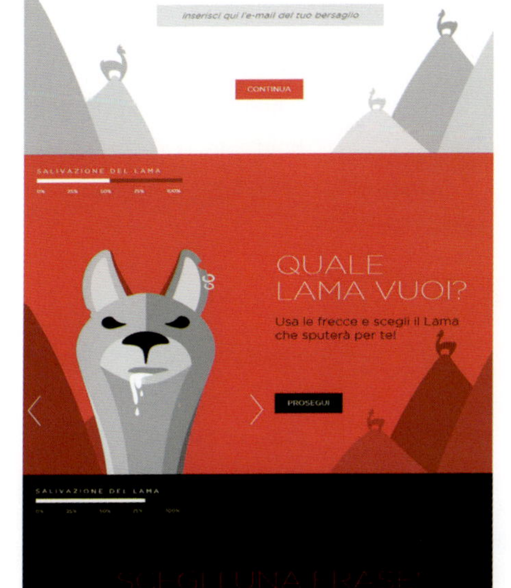

Usa le frecce e scegli le parole
con cui accompagnare la saliva del Lama.

PROSEGUI

SALIVAZIONE DEL LAMA

0% 25% 50% 75% 100%

LAMA PENSACI TU!

Il tuo messaggio è pronto per essere
sputato a destinazione.
Vuoi riceverne una copia nascosta?

Per vedere cosa riceverà il tuo bersaglio

inserisci qui la tua e-mail

Per inviare lo sputo, clicca qui

ORA SPUTAAAAAA!

4 图片应用——充分利用图片本身的特点

知识导读

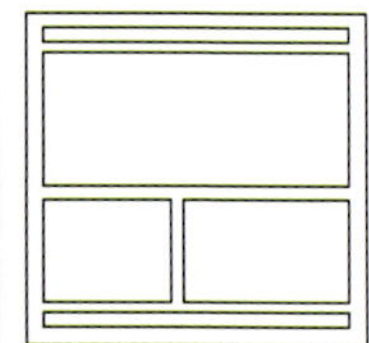

1

摄影图片在版式设计中的使用是比较广泛的，但是图片的选择必须和页面的主要内容相关。

2

选择图片的时候最好能够更为直接地去体现或者表达主要的信息内容，不要让读者花太多时间去猜测。

3

能够表现主题内容的图片不在于多，而在于图片表达信息的准确性。

在移动版式设计中，图片的选择是重要的。由于版面的空间有限，除了图片还有大量的文字信息需要表现，不能使用太多的图片，所以选择图片的时候一定要更有针对性。

图片要根据版面信息的主要内容来选择，还要根据版面信息内容的主次关系。一般来讲，图片的选择是按照版面中最主要的信息来选择的，这样通过图片信息读者就可以知道版面中表达的主要信息是什么。

时尚

图片可以带来丰富的色彩和各种图形，这些元素可以让版面更加活跃、更具时尚感。

新闻

图片在新闻类的版面中使用得比较多，它的使用能够增强新闻信息的可靠性和真实性。

真实

图片的使用能够给读者传达更为直观的信息，这些信息更为具体，比文字更容易理解。

1 居家生活的版式案例解析

在家居生活类的移动网页中，人物图片的使用，增加了画面的真实感，让画面看起来更加温馨、更贴近生活。

2 旅游的版式案例解析

这个版面中的图片是一个旅游景点的照片，它的使用更加直观地给读者传达出旅游的信息，增强了信息的可靠性。另外，图片的使用直接体现了网站的属性特征，图片的色彩也为网站增加了活力。

3 商务的版式案例解析

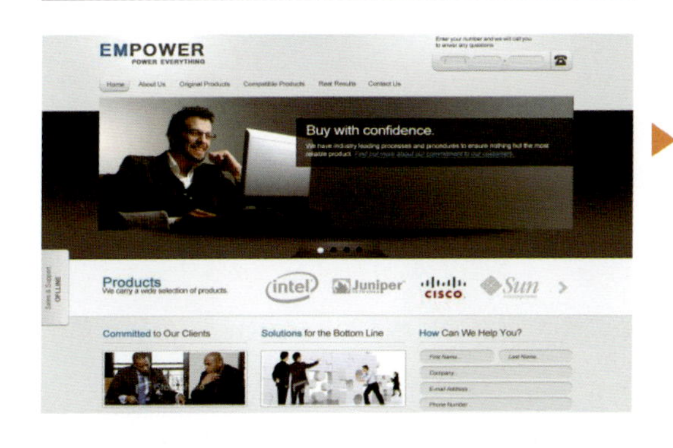

这个网站使用的图片和版式设计风格，以及色彩的选择是很典型的商务型的设计。办公场景的图片直接地传达了网站的属性。另外，网站的版式比较严谨，色彩大气、稳重，体现了商务类移动网页设计的特征。

案例赏析

carlo civera
I nostri marchi
carlo civera
DETTAGLI
MARIONI
SERRALUNGA
VERSACE
VICTORINOX
Nuovi arrivi
In primo piano
Collezione Design

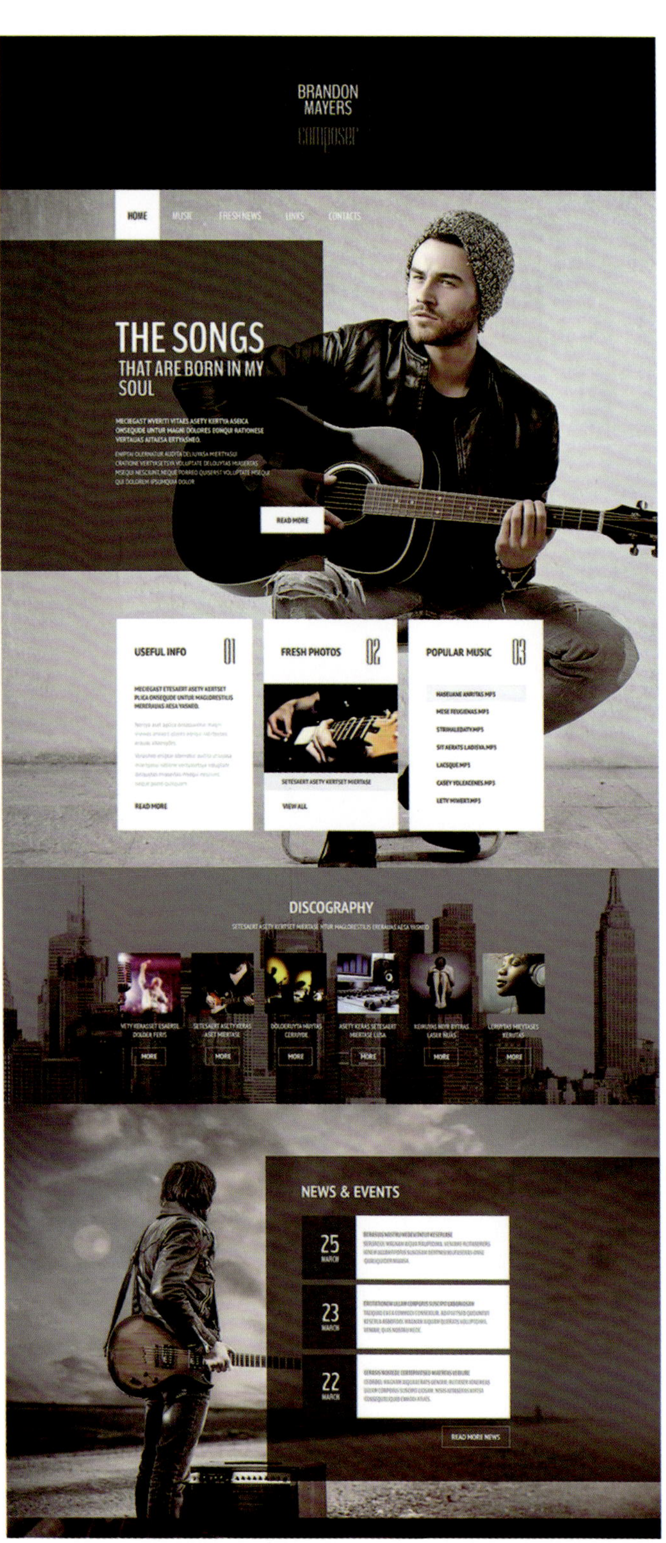
BRANDON
MAYERS
composer
HOME
MUSIC
FRESH NEWS
LINKS
CONTACTS
THE SONGS
THAT ARE BORN IN MY
SOUL
READ MORE
USEFUL INFO
01
READ MORE
FRESH PHOTOS
02
VIEW ALL
POPULAR MUSIC
03
DISCOGRAPHY
MORE
NEWS & EVENTS
25
MARCH
23
MARCH
22
MARCH
READ MORE NEWS

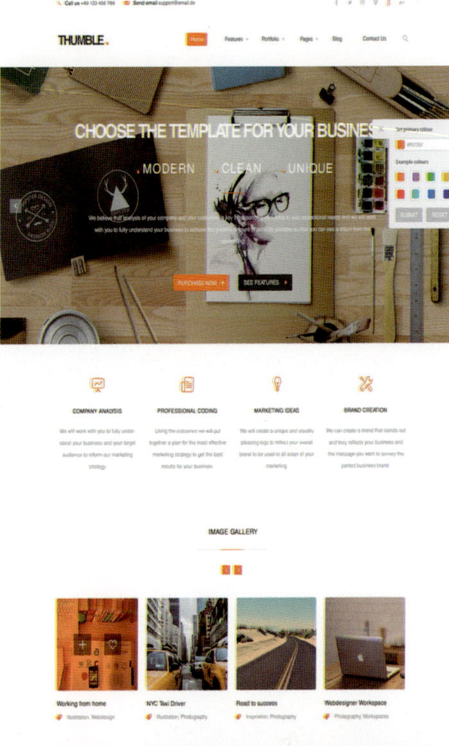

简单地讲，图片在移动版式设计中的应用增加了版面信息的真实性和可靠性，另外，图片的色彩和图形也提升了整体版面的视觉冲击力，所以这也决定了图片在移动版式设计中使用的广泛性。

5 图片编排——展现大量图片的视觉张力

知识导读

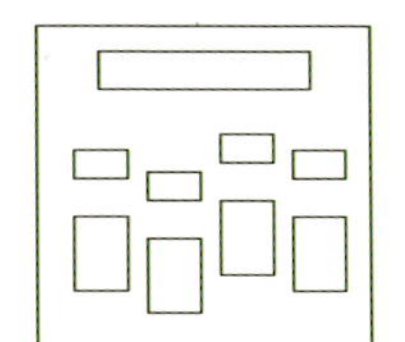

1

图片在版式中的编排形式有很多种，图片大小的对比形式、图片的堆积、图片的拼贴等，都是常用的方式。

2

良好的图片排列形式可以给版面设计带来更好的视觉冲击力，提升版面的美观度。

3

同一个版面设计中图片的排列形式不要过多，最好保持统一的形式，过多的形式容易造成视觉上的混乱。

图片的编排形式有很多种，由于图片具象的特殊性，过多的图片容易造成视觉上的疲劳和混乱，使人们对于信息的准确接收受到影响。

在编排图片的时候，在同一个版面内尽量保持统一的编排形式，不仅不会造成视觉疲劳，而且还容易形成很好的视觉冲击力。在编排图片的时候还需要注意版面的背景最好不用图片，用纯色比较好，这样更容易突出图片的内容。

对比

图片在版面中可以用大小对比的形式来编排，可以提高图片的跳跃率，增强版面的视觉效果。

面积

图片的使用面积与文字内容的面积要协调，面积不宜过大，否则内容会显得比较空。

堆积

堆积也是图片编排一种比较好的形式之一，堆积的图片会形成一个强烈的视觉中心，有着很好的信息引导性。

图片组合的版式案例解析

这个移动网页中的图片都是通过对图片进行抠图，然后重新组合形成的。这样的组合形式比较自由，也比较自然，在版面中的形态是比较令人舒服的。

2 图片倾斜的版式案例解析

图片的倾斜能够给版面带来一种动感，因为倾斜的图案具有一定的不稳定感，所以需要在版面中将文字内容和图片进行搭配。在本案例的编排中可以看出文字和图片的结合使版面很稳定。

3 拼贴的版式案例解析

拼贴与图片的组合形式有点类似，但是图片的组合更为广泛一些，而且一般意义上讲是将图片的主要内容抠图，然后重新排列组合，这样图片信息能够更为直接地体现主题内容。

案例赏析

THE ROAD TO
COLLEGE
From the time you first put your precious baby into the car seat to the day you send them off on their own—a lot changes. They grow up.
And suddenly, those little moments, experiences and smiles that didn't seem like much matter now more than ever.
BABY ON BOARD
63
Percent of moms are more cautious drivers
3
Is the average age children learn to ride tricycles
20
Total Tooth Fairy transactions
13
Halloween costumes
18
Birthday cakes baked
6.3
Billion hours spent coloring annually
730
Crayons ground down
42+
Percent of kids age 12-17 switch schools
661
Hours spent helping kids K-5 with homework, on average
14
Percent of children K-5 tote backpacks
$1,300,000,000
CAN I BORROW THE CAR?
29.8
Percent of 16-year-olds with their license in 2006
WHEN CAN I HAVE A CAR?
88
Percent of people 15 or older who reported as drivers in the US
12,376
Hours of housework

SMART mio
HOW IT WORKS
COMPACT & FEATHER LIGHT
PRE-ORDER NOW
HOW TO USE
indiegogo
CAMPAIGN IS LIVE!
COMMON QUESTIONS
STAY IN THE LOOP

Mlipko Gold
SELECTION
FOR
CONNOISSEURS

HAVE A LOOK AT OUR BEAUTIFUL FARM

Mirko Gold
Selection for connoisseurs
ABOUT US

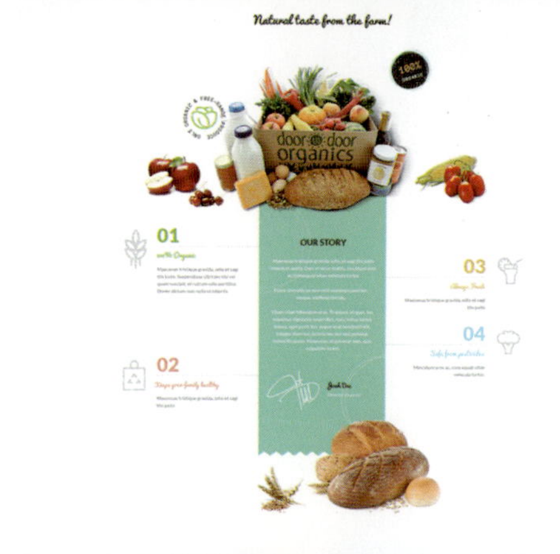
Natural taste from the farm!
01
02
03
04
OUR STORY

Mirko Gold.
Selection for connoisseurs
ABOUT US
GALLERY
see more
PRODUCTS
bulk
dried fruits
nuts
Dates (dark)
Jackfruit
Fig

Fresh okras
GOOD LIFE
Featured products
PASSION FRUITS
BREADS
BROCCOLI
GARDEN TOOLS

BRILLIANT EATING
the box
$99.00

Our farmer
MICHAEL ANDREWS
ALYSSA MIYAMA

6
图片色彩——凸显主题内容的特点

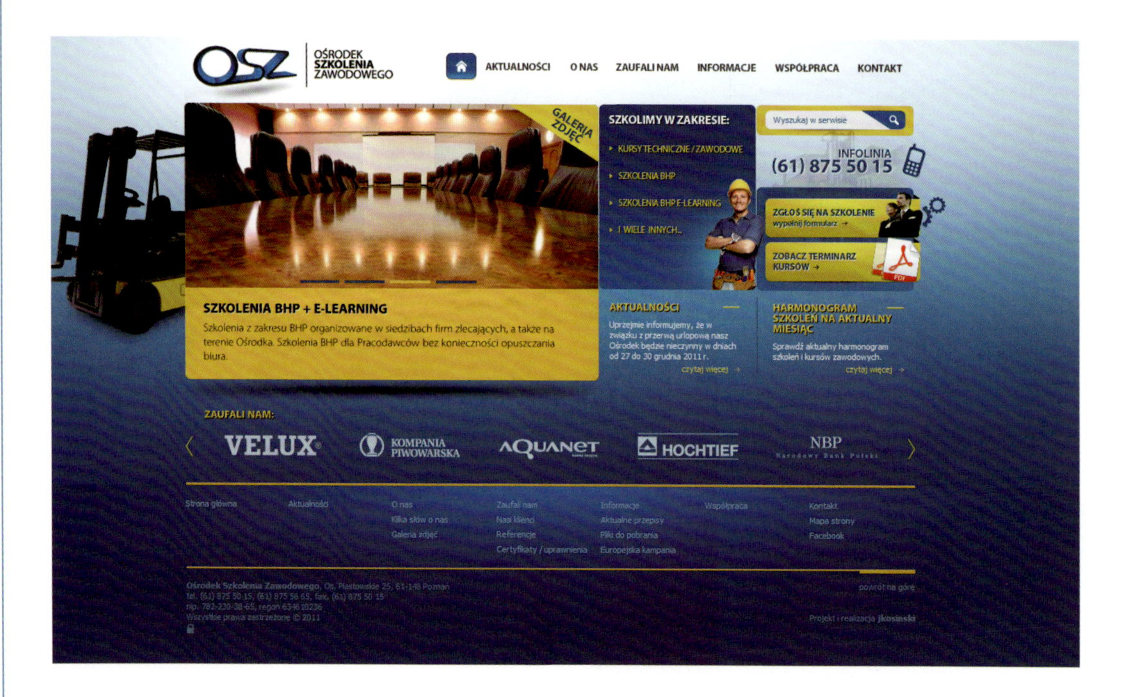

知识导读

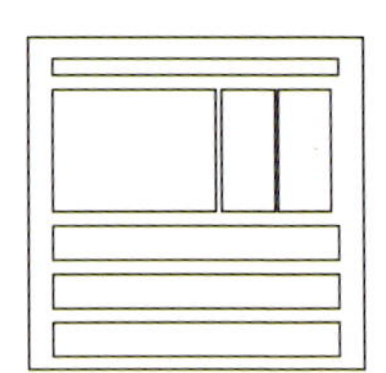

1
图片的色彩对于移动网页版面的视觉冲击力有着很大的影响。主题图片往往是凸显版面主要内容的，所以图片的色彩可以引导整体风格。

2
图片的色彩对比有很多，如明度的对比、色相的对比、纯度的对比等，色彩的对比影响着图片的视觉效果。

3
图片的选择在色彩上一定要贴近主题，否则风格不一致，在读者阅读信息的时候会感觉图文不匹配。

图片的选择对于移动界面的整体内容是非常重要的，在设计版式之前要确定好整体的色调，根据版面中的主要内容选择相对应的图片。图片的色彩风格要和内容相匹配，图片在第一时间能够体现出主题内容。

图片的色彩搭配可以影响读者，视觉冲击力强的图片能够在第一时间吸引读者，所以在选择图片的时候不但要注意图片色彩应与主题内容相匹配，而且视觉冲击力还要强。

纯度

色彩的纯度对比决定了色彩在视觉上的影响力，纯度越高，对比越强，视觉冲击力越强。

分割

色彩具有一定的分割作用，在版式设计中利用不同面积的色彩分割版面会带来意想不到的时尚感。

冷暖

色彩的冷暖变化同样可以带来很好的视觉冲击，图片色彩的冷暖可以增加版面的丰富感。

1 色相对比的版式案例解析

这个移动网页的图片色彩对比非常强烈，蓝色与橙黄色本身就是对比色，视觉效果非常好。图片强烈的色彩对比很容易吸引读者，且图片也直接突出了主题的内容。

2 有节奏感的版式案例解析

画面中的色彩非常丰富，图片中的色彩对比也很强烈，搭配背景的色彩，版面整体具有很强的动感。加上人物的动态及曲线的图形，整体具有很好的律动性。

3 明度变化的版式案例解析

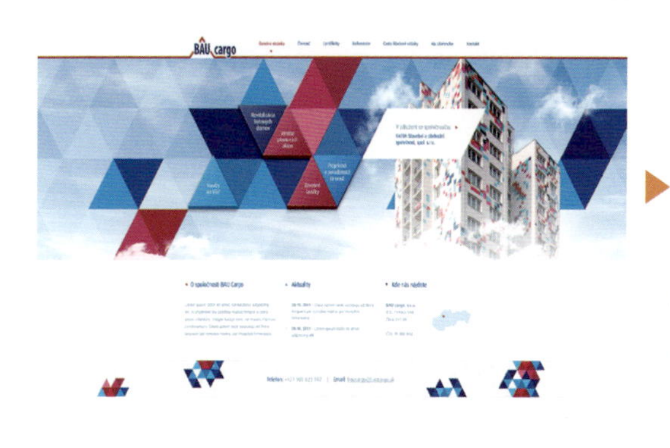

这个案例整体上看非常清新，色彩的明度变化比较清晰，色相的对比很强烈，整个版面的视觉冲击力很强。

案例赏析

19TH
ANNUAL
NOMINEES
ANNOUNCED
011
HANNIBAL BURESS IS HOSTING THE WEBBYS
"The Internet's Highest Honor"
LAWRENCE LESSIG
I
CAME
FROM
KOREA,
THANKS.
JUDGES SPOTLIGHT
April 23rd
PEOPLE'S VOICE

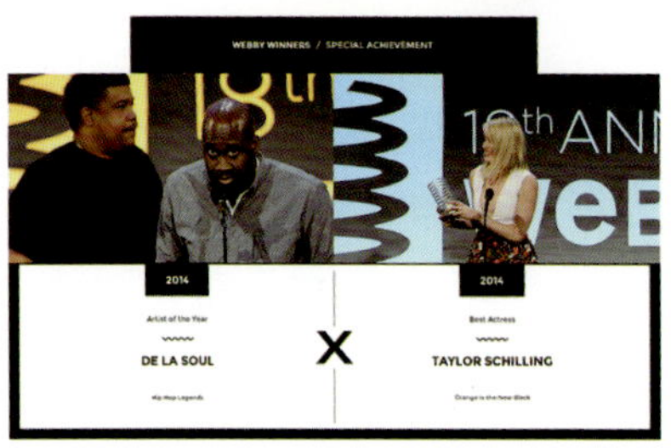
WEBBY WINNERS / SPECIAL ACHIEVEMENT
2014
DE LA SOUL
X
2014
TAYLOR SCHILLING

2015
SPRING CLEANING
GUIDE
Netted

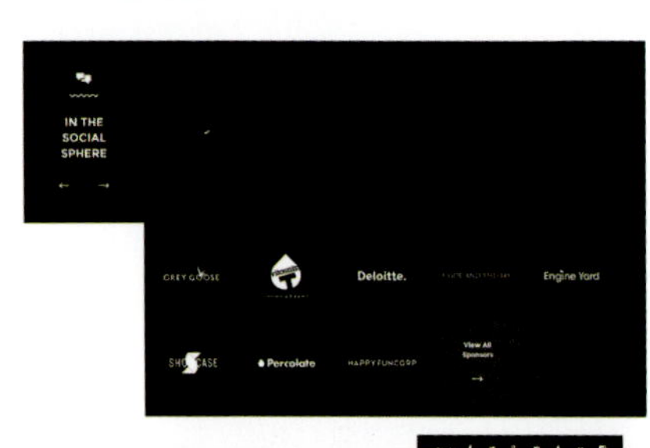
IN THE
SOCIAL
SPHERE
Deloitte.
Engine Yard
Percolate

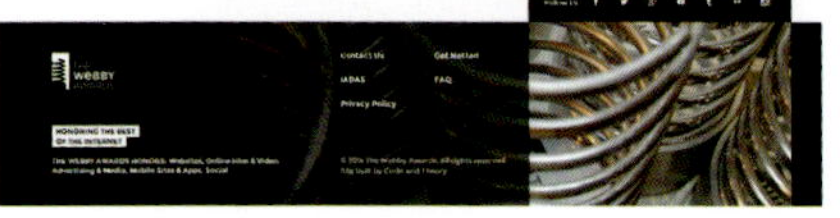

amorume
Black
Maintenance Culture For Dark Skinned Women
Take a look
TUTORIAL
O poder
dos cílios
PASSO A PASSO
O poder
dos cílios
VEJA MAIS
TRUQUES DE MAKE
Katy
Perry
VEJA MAIS
PASSO A PASSO
Unhas
e as cores
VEJA MAIS
TENDÊNCIAS
Cara
Delevingne
LAST TREND
VANS AQUA SHOES

red is more
SOUL
& strength
FOLLOW YOUR STYLE
CHECK ANOTHER CARS
I pursue your
STEPS
x3
RED
YELOW
RED
YELOW
COLOUR
mixer
x2
FOLLOW YOUR STYLE
The blood and
DARKNES
BIKE
CONVERTIBLE
Behind the scenes
VIDEOS X1
FOLLOW US HERE

FAMEBIT
CREATORS
BRANDS + AGENCIES
JOIN
LOGIN
INFLUENCER MARKETING PLATFORM FOR
BRANDED
CONTENT
I'M A CREATOR
I'M A BRAND
HIRE CONTENT CREATORS ON
YouTube
Vine
Instagram
facebook
tumblr.
GET STARTED FOR FREE
01
Connecting
02
Scaling
03
Driving Results

06

版式设计

移动版式设计中网格的应用

INOVATO

IN 100 + LOCATIONS.

We have 100+ Job Vacancies.

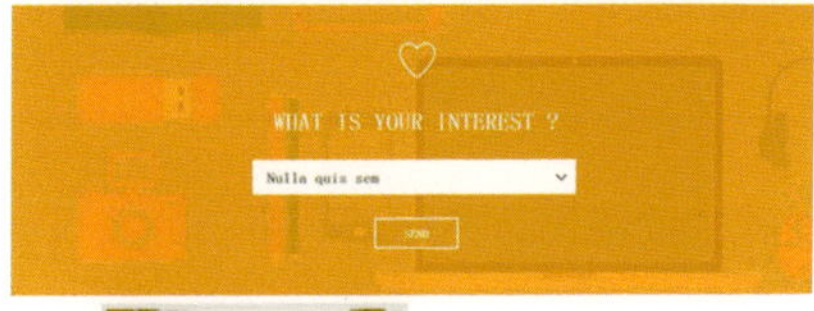

Sed aliquet risus

1 对称式

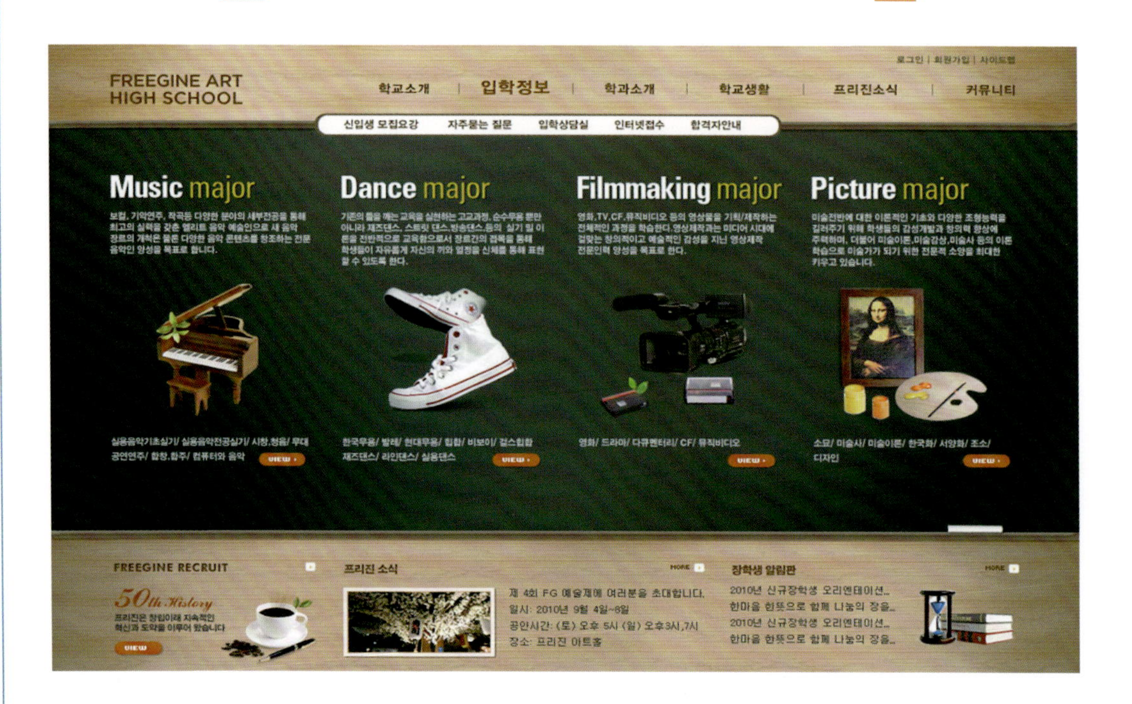

知识导读

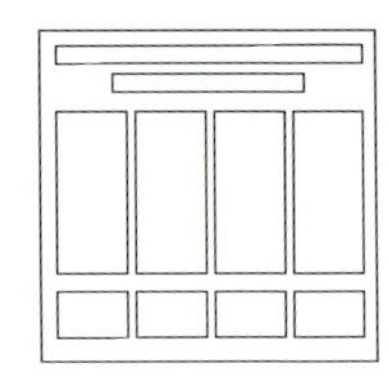

1

网页中的对称式网格是指：文字和图片在整体版面中以中线为对称轴，左右版面在间距和大小上保持一致。

2

对称式网格最大的特点就是版面左右结构一致，可以分为单栏对称、双栏对称、均衡对称、多栏对称等。

3

利用网格设计的网页版面比较规范化，整体看着比较严谨舒适，页面比较有秩序感。

对称式网格设计在移动网页中的使用并没有那么频繁，因为对称式版式设计效果比较严谨、严肃、庄重，而网页设计需要的是网页版面的灵活性，所以使用较少，一般常用在官方或者科技感比较强的网页中。

对称式网格在网页中可以结合其他的版面形式进行设计，这样会让版面更加丰富一些。

双栏
强调内容的对称性，多用于以文字为主的版面设计，比如小说类的网页。

多栏
栏数超过 3 栏以上的对称性版式，这种版式多用于术语表、联系方式、数据等类型的网页。

三栏
这一类的网页很少出现，往往会以整体 3 栏的形式出现，整体对称以中心轴为主轴对称比较多。

1 双栏对称的版式案例解析

双栏对称出现得比较多，这样的网格形式在网页中显得比较干净、简洁。

2 均衡对称的版式案例解析

均衡对称的网格形式主要是在大的网格对称的基础上的，图片和文字的网格位置是固定的，只是图形会发生改变，版面从整体上看是比较均衡的。

3 单元格对称的版式案例解析

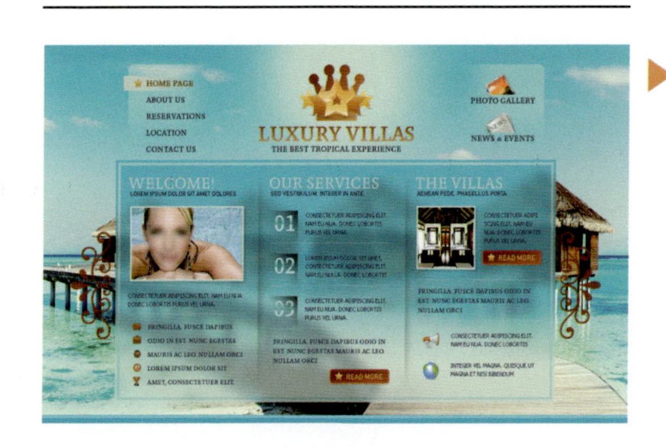

单元格对称是指在整个版面中由于网格的原因形成的每个小的单元格以画面中轴为中心的左右对称。这种形式也是在原有的网格分割好的版面基础上，在每个单元格里面排列内容形成的对称形式。

案例赏析

Welcome Ladies & Gents to Calm Website.

A theme more stylish than any other on ThemeForest

FIND US ONLINE

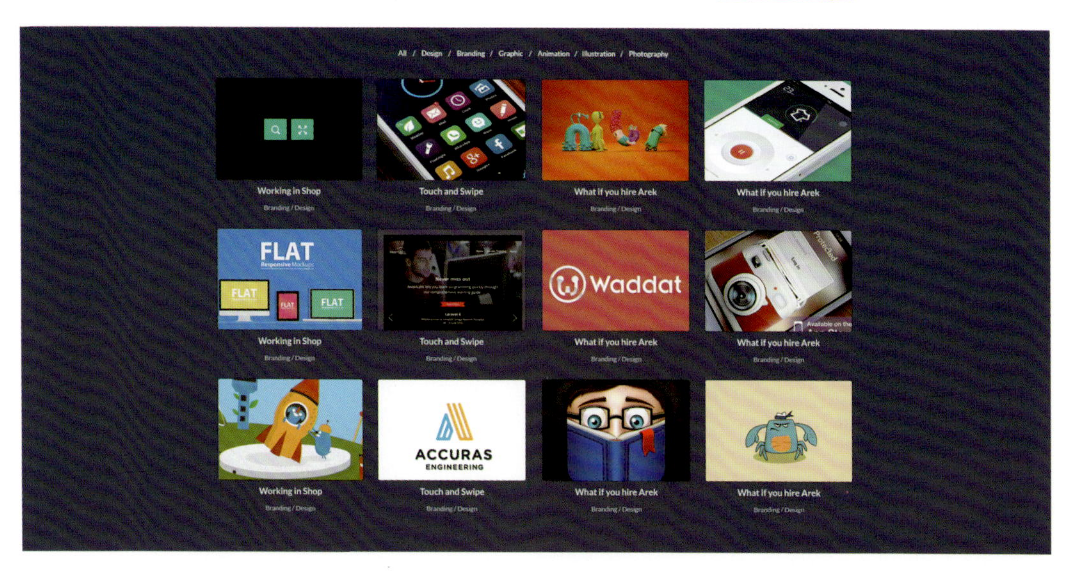

ABOUT US

LATEST POSTS

LATEST COMMENTS

FLICKR PHOTOSTREAM

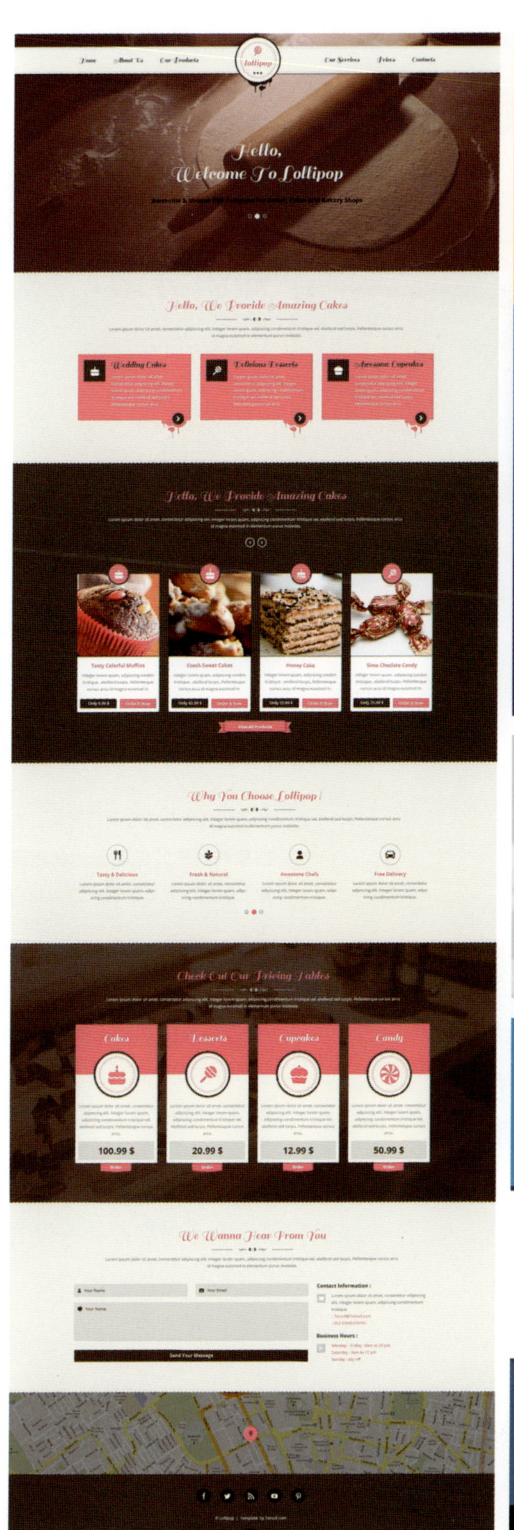

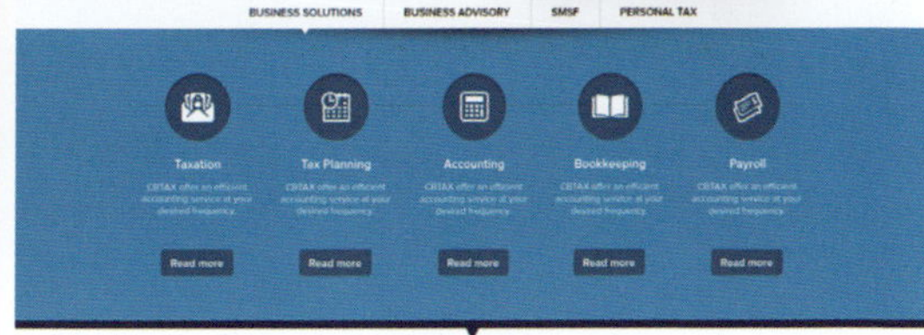

How else can we help you ?

Business Advisory　Self Managed Super Funds　Personal Taxation

2
非对称式

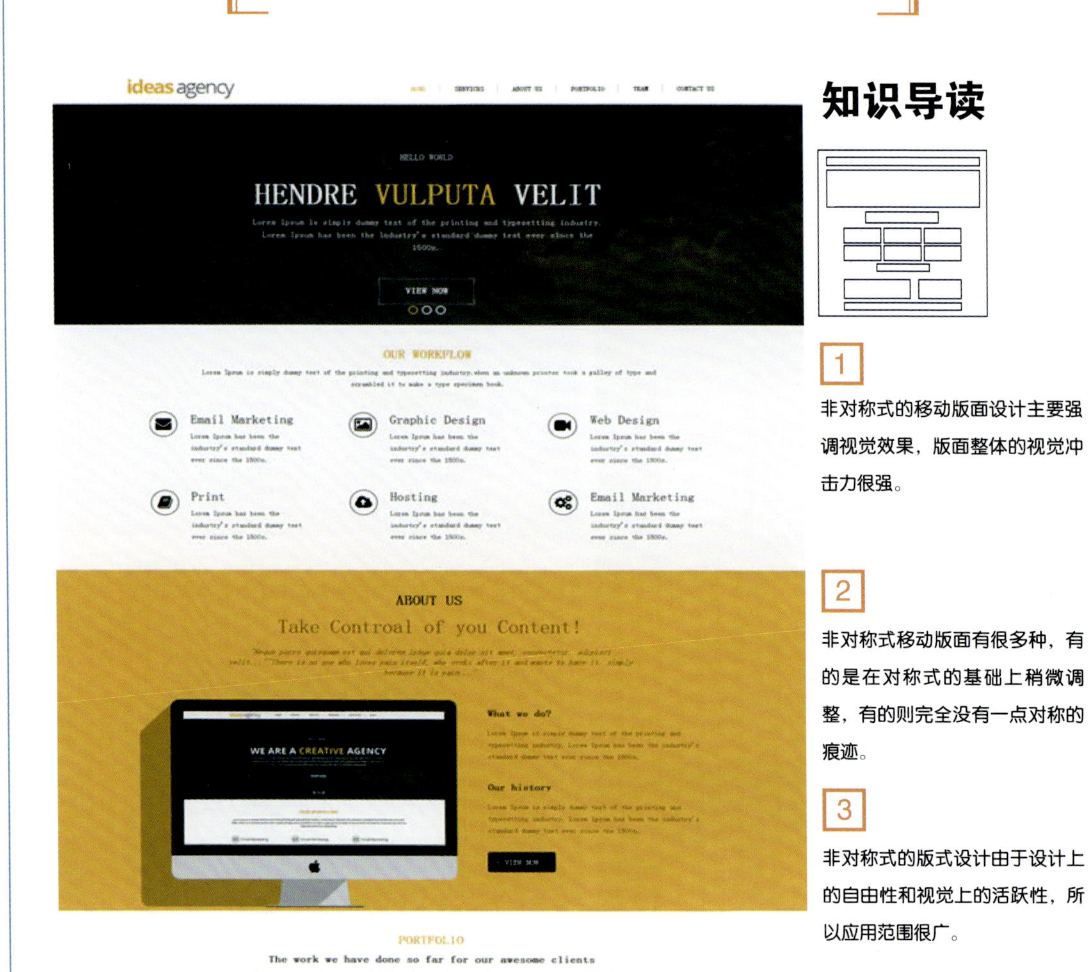

知识导读

1

非对称式的移动版面设计主要强调视觉效果，版面整体的视觉冲击力很强。

2

非对称式移动版面有很多种，有的是在对称式的基础上稍微调整，有的则完全没有一点对称的痕迹。

3

非对称式的版式设计由于设计上的自由性和视觉上的活跃性，所以应用范围很广。

过于对称的设计，无法更自然、高效地组织侧边栏、导航条等界面元素，对称设计提供的空间也往往有限。而非对称性具有一种视觉上的张力，将某种特殊的感觉转化为用户的兴趣。尽管非对称设计在布局调整上稍有难度，而且也会造成一种不平衡的感觉，然而用非对称性设计取代对称性设计，利大于弊，提供了更多的“可能”。

非对称式设计应用比较广泛，它能够给版面带来无限活力，进而具有更好的信息传达、更个性化的特点。

单元格

单元格的非对称式设计是在对称的基础上进行调整的，由于单元格的规范性，这样的网页整体看起来比较整洁。

视觉

网格的非对称式设计能够带来很好的视觉效果，突破原来拘谨的网格结构，能够给人一种很好的视觉效果。

轻松

网格结构本身就是非常严谨的一种版式结构，非对称式的网格结构相对于对称的网格结构设计更为轻松、自由一些。

1 灵活的版式案例解析

非对称性的网格设计具有很好的灵活性，在简单的网格的基础上进行灵活的版式应用，可以达到很好的效果。这个案例中利用了爆破的灯泡，在版面中形成了很好的视觉中心。

2 倾斜的版式案例解析

倾斜的构成形式在版面设计中具有很强的动态感，这种形式与严格的网格结构的版面形成了很强的对比，倾斜的色带加上挖版的图形，二者结合让整个版面充满活力。

3 打破的版式案例解析

打破的形式主要是在原本严格的网格结构的基础上，有一个异于常规网格结构的图形在版面中出现，打破了常规的那种严谨和呆板，形成视觉中心，吸引读者。

案例赏析

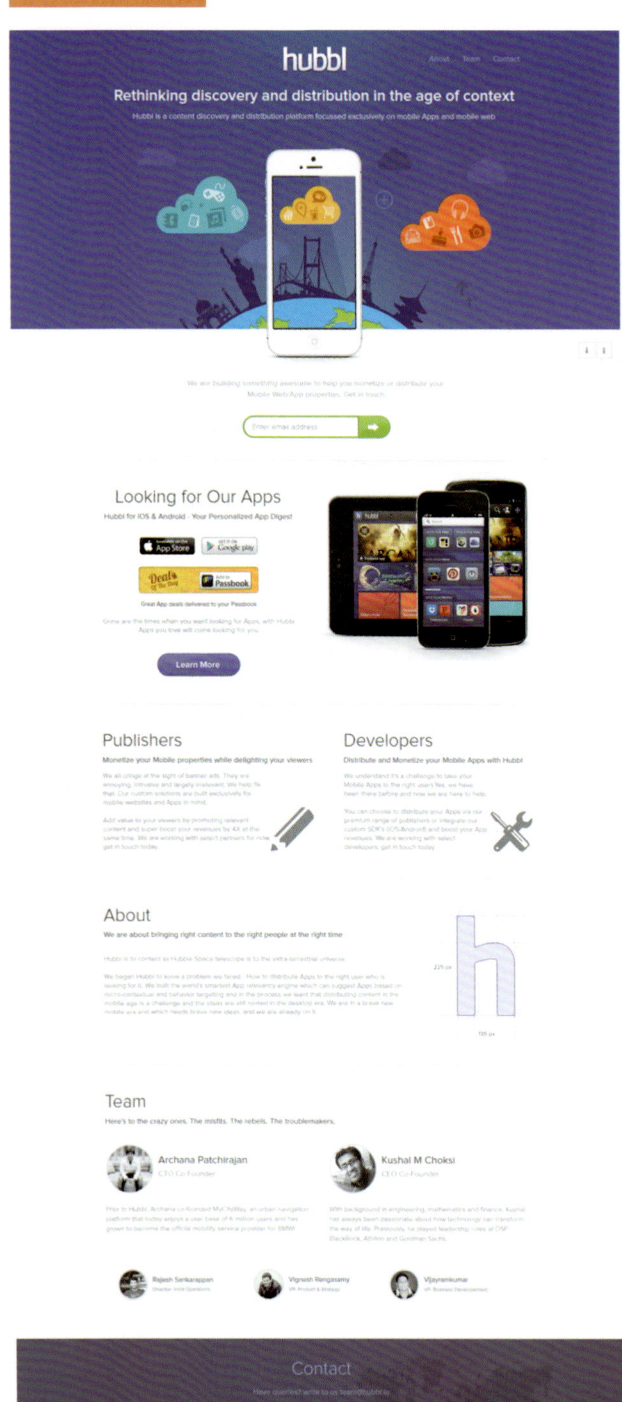
hubbl
Rethinking discovery and distribution in the age of context
Hubbl is a content discovery and distribution platform focussed exclusively on mobile Apps and mobile web
Looking for Our Apps
Hubbl for iOS & Android · Your Personalized App Digest
Learn More
Publishers
Monetize your Mobile properties while delighting your viewers
Developers
Distribute and Monetize your Mobile Apps with Hubbl
About
We are about bringing right content to the right people at the right time
Team
Here's to the crazy ones. The misfits. The rebels. The troublemakers.
Archana Patchirajan
Kushal M Choksi
Contact
Get in Touch

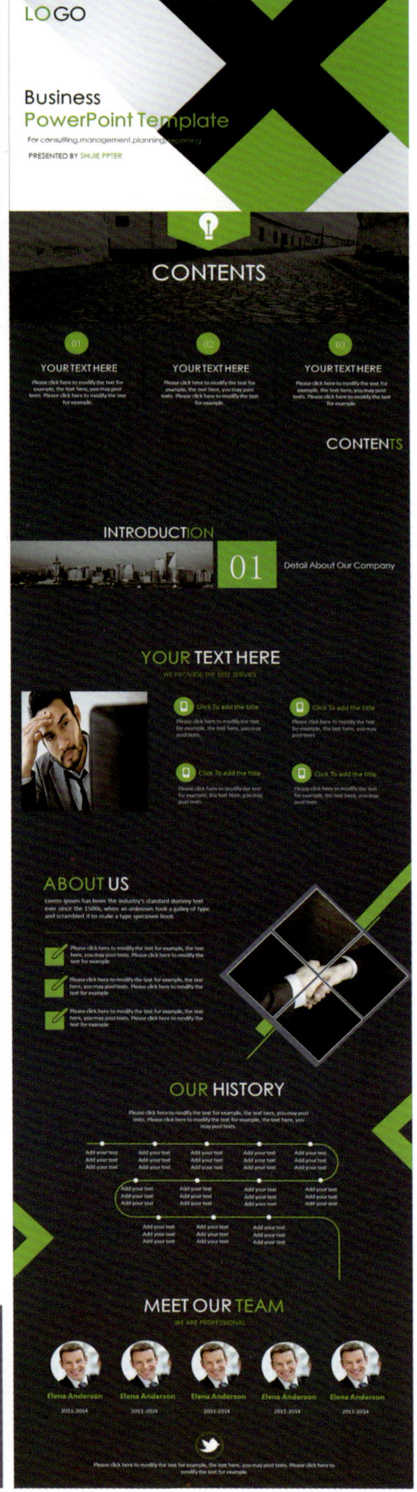
LOGO
Business
PowerPoint Template
PRESENTED BY SHIJIE PPTER
CONTENTS
YOUR TEXT HERE
YOUR TEXT HERE
YOUR TEXT HERE
CONTENTS
INTRODUCTION
01
Detail About Our Company
YOUR TEXT HERE
ABOUT US
OUR HISTORY
MEET OUR TEAM
Elena Anderson
Elena Anderson
Elena Anderson
Elena Anderson
Elena Anderson

案例赏析

网格设计的非对称式在版面设计中使用是比较多的，非对称并非代表着随意地排列图片和文字，而是在网格设计的基础上，做一些调整，使得图片和文字完美结合，从而达到信息传达最好的效果。

3
网格编排

知识导读

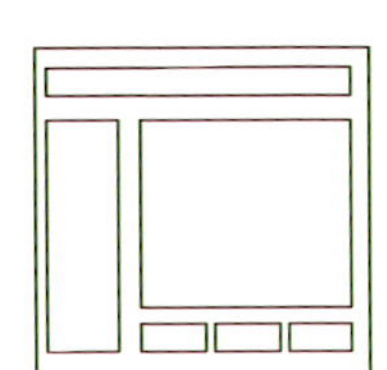

1

网格的编排形式有很多种，有的是严格按照网格的标准进行编排的，另一种就是完全自由地编排，但整体仍在网格的基础上。

2

网格的编排要考虑到整体性，不管怎么编排图片和文字信息，首先要估计到整体信息的传达，这是版式最主要的功能。

3

在没有网格的编排形式下，所有内容的安排都是比较自由的，这时候就必须掌握好信息的主次关系，否则所有的信息就比较混乱，影响阅读顺序。

网格的编排对于移动版式设计的信息传达具有很强的决定性作用。严谨的网格系统，版面更加稳重、大气，整体比较有秩序，信息具有很强的真实感和可靠感。带有突破性的版式设计，都是在网格系统的基础上变化而来的，这样的网页信息容易产生比较好的视觉冲击力。另外，完全没有网格规律的版面设计，在整体形式上更加自由，整个版面容易令人产生愉快和时尚的感受，这类版面设计往往会出现在时尚类或者购物类的网站。

混合
混合型的网格编排在移动版式中也是常用的，既能保持网格设计的严谨性，又能增加非网格设计的灵活性。

有序
利用网格的版式设计具有很好的秩序感，整体简洁大方，信息的主次关系也比较明确。

规律
网格编排往往会以对称的形式出现，画面中分栏的对称具有很好的规律性。

1 对比的版式案例解析

对比的网格编排形式与混合式的网格编排有些相似，两种或者多种网格编排形式同时出现在同一个版面中，不同形式的网格编排在版面中形成了很强的对比性，从而形成视觉中心，这种对比也为版面增加了很多活力。

2 无网格的版式案例解析

无网格的版式是比较自由和轻松的，这样的版式不受任何网格的约束，在编排上非常自由。但是这种编排形式虽然没有网格的约束，但是要在整体版面的构成形式上具有很好的形式感和美感，整体要平衡。

3 数量信息的版式案例解析

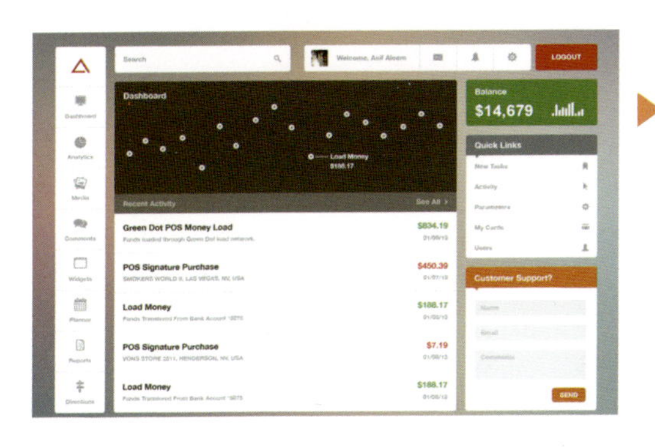

数量信息类的版式设计往往也是跟网格系统有关系的，这是一种非严格意义上的网格系统，同时又具有很好的平衡性。这种形式能够把版面信息分类分块地区分，具有很好的秩序感，有利于读者浏览信息。

案例赏析

PYONEER
CARS CULTURE DESIGN TECH STYLE TRAVEL
The Most Epic
Mountains in the World
READ ARTICLE
Industrial Style Workspaces for Your Inspiration
The Ultimate Superbike
MMT Calendar Pocket Watch
LATEST STORIES
Eames Lounge Chair Is the Perfect Chair
Interview with Batman Star Tom Hardy
Black Clothes Rail by Hunter Tyle
Pebble 04 by BulBul
Porsche 918 Spyder Is One Crazy Hybrid
Industrial Style House Made from Concrete
Apple Watch
Subscribe to Pyoneer
SHOP ABOUT ADVERTISE PRIVACY SOCIAL EVENTS CONTACT

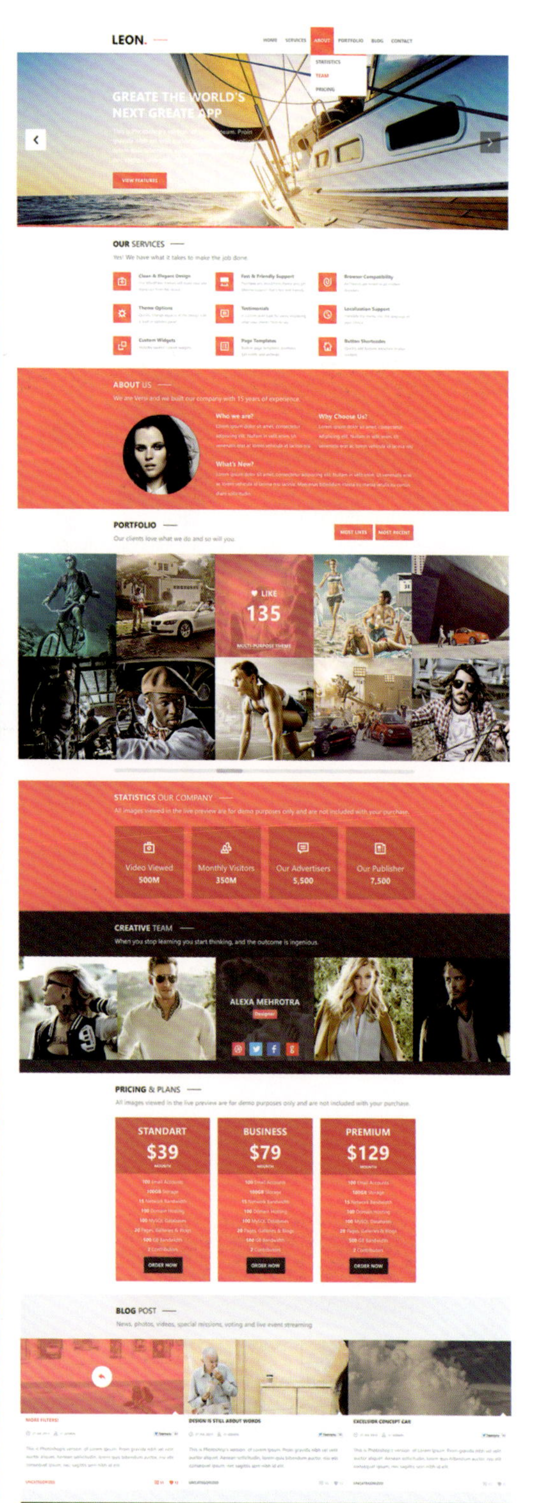

LEON.
GREATE THE WORLD'S
NEXT GREATE APP
VIEW FEATURES
OUR SERVICES
ABOUT US
Who we are?
Why Choose Us?
What's New?
PORTFOLIO
LIKE
135
STATISTICS OUR COMPANY
Video Viewed
500M
Monthly Visitors
350M
Our Advertisers
5,500
Our Publisher
7,500
CREATIVE TEAM
ALEXA MEHROTRA
PRICING & PLANS
STANDART
$39
BUSINESS
$79
PREMIUM
$129
ORDER NOW
ORDER NOW
ORDER NOW
BLOG POST

案例赏析

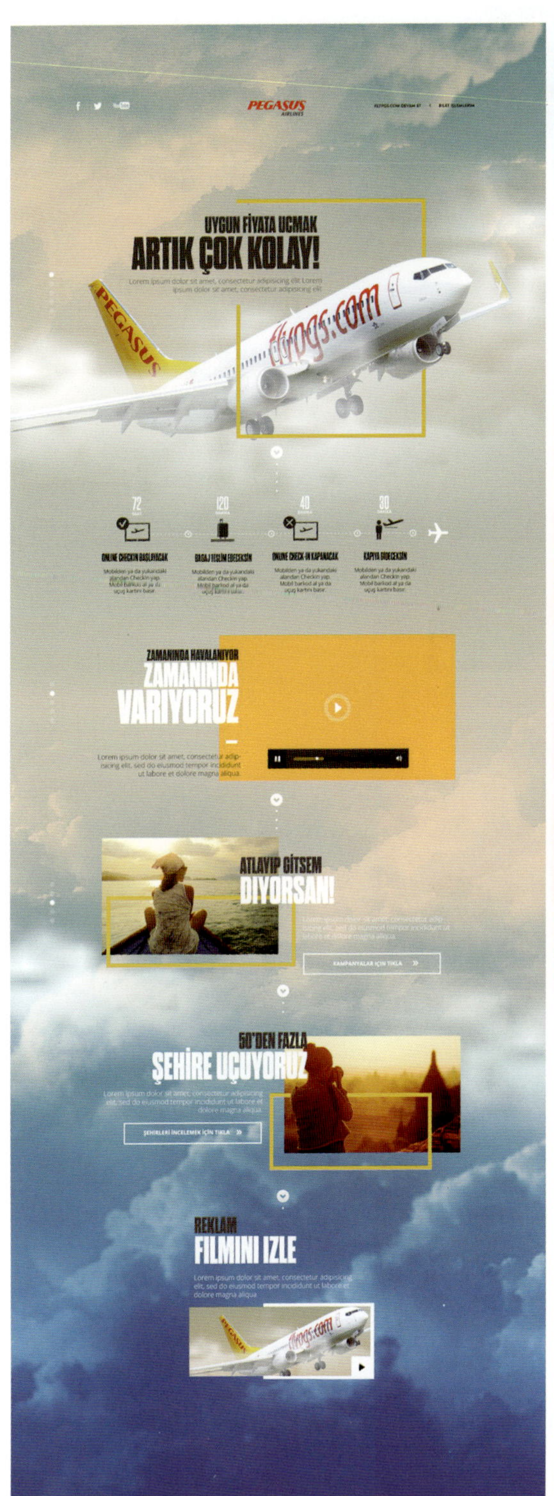
PEGASUS
UYGUN FİYATA UÇMAK
ARTIK ÇOK KOLAY!
ZAMANINDA HAVALANIYOR
ZAMANINDA
VARIYORUZ
ATLAYIP GİTSEM
DİYORSAN!
50'DEN FAZLA
ŞEHİRE UÇUYORUZ
REKLAM
FİLMİNİ İZLE

Bob's
CHEGARAM OS NOVOS MILKSHAKES
SABORES
MAIS DE
20
COMBINAÇÕES
POSSÍVEIS
GARANTA O SEU!
VEJA COMO É FÁCIL EXPERIMENTAR
OS NOVOS MILKSHAKES
PARTICIPE AGORA
MOR
ANGO
UM TOQUE DE
FRUTAS NO SEU
MILKSHAKE
BOBS FÃS
MONTAM
DO SEU JEITO
50%
DESCONTO
GRAN
PICANHA

NOVIDADE!
CRE
ME
DE
AVELÃ
IRRESISTÍVEL
UM NOVO SABOR
PRA TURBINAR
SEU MILKSHAKE

YEAHH!
SEJA UM
BOB'S
FÃ!
Bob's

4

网格应用

知识导读

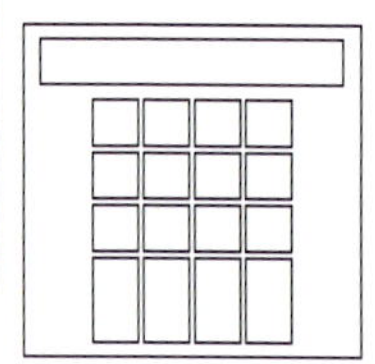

1

网格在现代版式设计中的应用比较广泛，不仅存在于移动版式设计中，而且应用最为广泛的是印刷品设计中。

2

网格的多变性决定了网格编排形式的多样性，从而决定了网格在各个领域都是比较容易被接受的。

3

网格的编排形式具有一定的严谨性和综合性，它的应用性是比较强的。

在移动版式设计的过程中，不论自己的编排多么新颖、有创意，效果多么华丽、精彩，都离不开一套“规矩”的网格系统规范，一套好的网格结构不仅可以帮助设计师明确设计风格，排除设计中随意编排的可能，更能使版面统一、规整。当我们把技巧、感觉和网格这三者融合在一起时，便能更好地解决美学、功能、逻辑上的问题。同时，好的网格结构设计，能够让移动版式中的信息得到更好的传达，也有愉悦读者的功能。

时尚

网格的使用可以让图片和文字更好的排列和组合，活跃的网格系统可以给版面带来时尚感

新闻

网格系统可以让版面显得更加严谨，在新闻报纸类的版式设计中应用得比较多。

真实

严格的网格系统可以让版面的内容看起来更加有规律，内容在感官上给人的感受会更加真实，说服力更强。

1 具有时代感的版式案例解析

对于网格设计来说，连续感、比例感、清晰感、严肃性和科学性具有很大意义，时代感颇重。在保持原本严格的网格的基础上，进行一些创新性的改变和调整，可以让整个版面充满活力和律动感。

2 多样化的版式案例解析

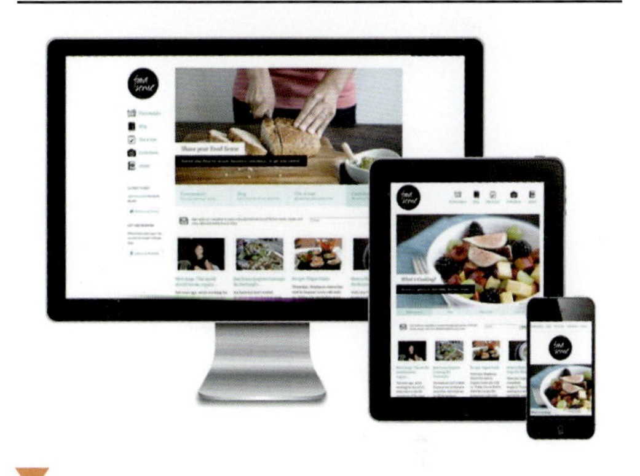

网格版式设计的形式有：重叠网格、正方形网格、有重点的网格、长方形网格、栏目宽度不同的网格，这些多样性的变化能够让移动版面的内容显得更加丰富多彩，在阅读的时候才会感受到信息的层次，才能体会到阅读的快乐。

3 具体比例美感的版式案例解析

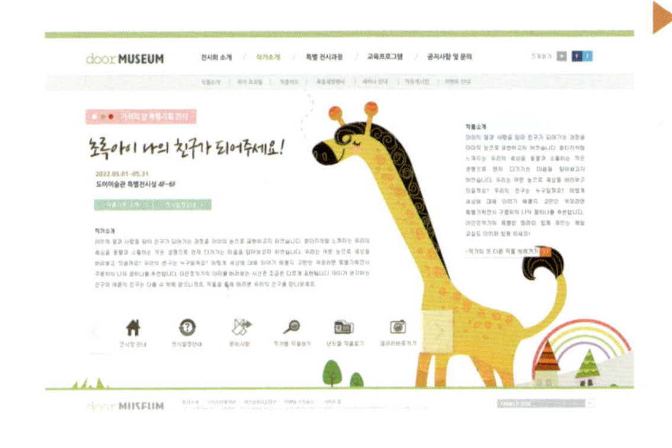

一般来讲，移动版面的网格设计要根据一定的数据比例来设定版面的分割，这样才能达到一定的美感。运用数字的比例关系通过严格的计算，可以将版心划分为一栏、二栏、三栏及更多栏尺寸统一的网格，在其中安排文字，让版面有一定的节奏变化，从而产生优美的韵律关系。

案例赏析

What We Do For Your Success

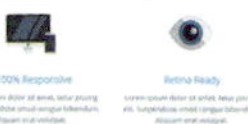

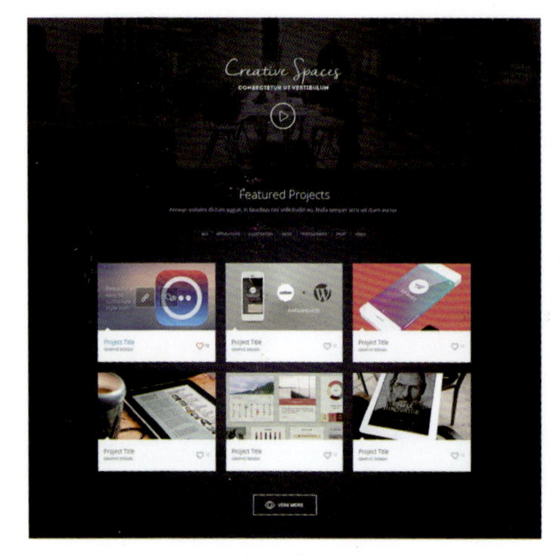

From The Blog

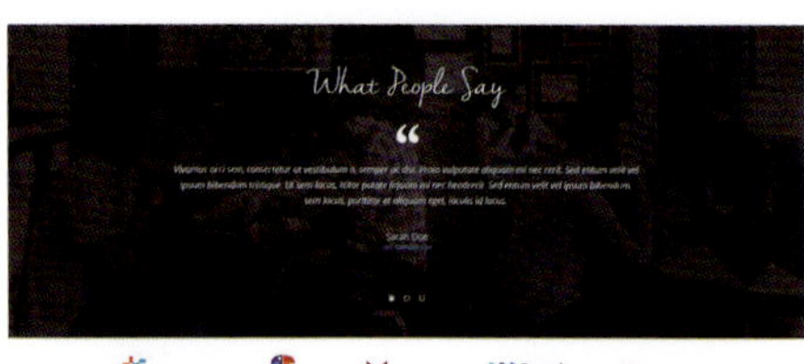

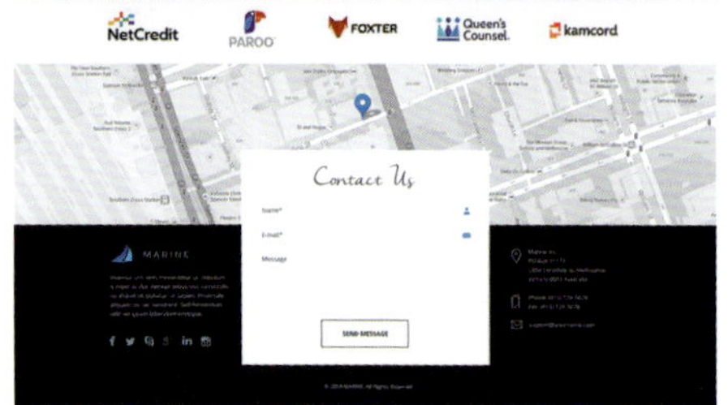

网格是移动版式设计中视觉图像的一个重要组成部分，作为一种行之有效的版式设计法则，它具有明显的装饰作用，而现代设计艺术的重要组成部分是版式设计，它是视觉传达的重要手段，单从表面来看，它是一种关于编排的学问。

实际上，它不仅是一种技能，更实现了艺术与技术的高度统一，因此，网格设计对于版式设计来说，有着举足轻重的作用。

网格的使用让版式设计在设计方法和形式上更加多样。